HISTOIRE NATURELLE

DES

COLÉOPTÈRES

DE FRANCE

PAR

E. MULSANT

Sous-Bibliothécaire de la ville de Lyon,
Professeur d'histoire naturelle au Lycée,
Correspondant du Ministère de l'instruction publique, etc.

ET CL. REY

Membre de la Société Linnéenne.

COLLIGÈRES

PARIS

F. SAVY, LIBRAIRE-ÉDITEUR

Rue Hautefeuille, 24.

—

Février 1866

COLÉOPTÈRES

DE FRANCE

Lyon. — Imp. Pinier, rue Tupin, 31.

HISTOIRE NATURELLE

DES

COLÉOPTÈRES

DE FRANCE

PAR

E. MULSANT

Sous-Bibliothécaire de la ville de Lyon,
Professeur d'histoire naturelle au Lycée,
Correspondant du Ministère de l'instruction publique, etc.

ET CL. REY

Membre de la Société Linnéenne.

COLLIGÈRES

PARIS

F. SAVY, LIBRAIRE-ÉDITEUR

Rue Hautefeuille, 24.

—

Février 1866

A MONSIEUR

LE BARON HENRI DE BONVOULOIR

Membre de la Société entomologique de France,
de la Société Linnéenne de Lyon, etc., etc.

MONSIEUR,

En vous offrant ces pages, nous devrions peut-être rappeler l'heureux privilége dont vous jouissez d'unir, à l'illustration de la naissance, la noblesse des sentiments et l'éclat que donne la science; mais ces louanges blesseraient votre modestie ; vous voudrez bien du moins accueillir notre hommage comme un tribut de notre reconnaissance pour des services offerts avec tant d'obligeance, pour des rapports que vous savez rendre si agréables, et comme un témoignage des sentiments d'estime et de respect, avec lesquels

Nous avons l'honneur d'être

Vos dévoués serviteurs

E. MULSANT ET CL. REY.

Lyon, le 2 décembre 1865.

TABLEAU MÉTHODIQUE

DES

COLLIGÈRES DE FRANCE

TRIBU

DES

COLLIGÈRES

CARACTÈRES. *Prothorax* d'un tiers ou de moitié moins large à sa base que les élytres aux épaules. *Tête* non prolongée en forme de trompe ou de museau ; accolée contre le prothorax ou séparée de lui par une sorte de cou ; verticale ou inclinée. *Antennes* de onze articles ; grossissant un peu vers le sommet chez les uns, subfiliformes chez les autres, rarement faiblement dentées chez les ♂ ; insérées soit au devant des yeux ou près de leur partie antéro-interne, soit dans une échancrure de ces organes. *Yeux* à grosses facettes. *Elytres* de largeur médiocre, n'offrant pas vers les deux tiers de leur longueur leur plus grande largeur. *Hanches* antérieures cylindriques ou obconiques, contiguës. *Hanches intermédiaires* séparées par le mésosternum. *Ventre* de cinq arceaux apparents. *Tarses* hétéromères : les antérieurs et intermédiaires de cinq articles : les postérieurs de quatre. *Ongles* simples. *Mandibules* peu ou point saillantes au devant du labre. *Mâchoires* à deux lobes inermes et ciliés. *Palpes maxillaires* de quatre articles : le dernier généralement sécuriforme ou cultriforme. *Palpes labiaux* de trois articles : le dernier le moins court. *Languette* membraneuse ou coriace, saillante. *Menton* non lié au sous-menton par un pédoncule.

Ces Hétéromères s'éloignent de ceux des premières tribus par leurs élytres débordant notablement la base du prothorax ; ils se distinguent des **Rostrifères** par le même caractère et par leur tête non prolongée en trompe ou en museau ; des **Vésicants**, par leurs ongles non divisés ; des **Latipennes**, par leur tête verticale, par leurs antennes à articles simples ou faiblement dentés, par leurs élytres, n'offrant pas après la moitié de leur longueur leur plus grande largeur ; des **Cylindricolles** (1), des **Angusticolles** et des **Simplicitarses**, par leur tête non engagée dans le prothorax.

ÉTUDE DES PARTIES DU CORPS.

La *Tête* est toujours verticalement ou presque verticalement penchée ; de forme variable, presque trigone chez les uns, ovalaire chez un petit nombre, transverse chez divers autres. Chez les *Anthicides* elle est généralement séparée du prothorax par un cou plus ou moins visible ; chez les **Xylophilides**, le cou est incomplètement ou peu distinct, et elle paraît alors simplement accolée contre le premier segment thoracique.

Le *Front* offre un développement en sens inverse de celui des organes de la vision. Ainsi, chez divers **Xylophilides**, dont les yeux ont souvent une grosseur remarquable, il est resserré par ces derniers. Chez les **Anthicides**, les yeux restreints sur les côtés de la tête lui laissent plus de liberté. Chez ces derniers, le front, à sa partie antérieure, est soudé et confondu avec un postépistome (2) ordinairement écointé sur les côtés, dont l'existence devient plus problématique chez les **Xylophilides**.

L'*Epistome*, toujours assez apparent, est ordinairement transversal ; d'autres fois resserré par les organes de la vision.

---

(1) Voyez à la fin de l'introduction le nouveau tableau de classification des Hétéromères.

(2) Pièce désignée dans quelques ouvrages de Latreille et dans la *Monographie* de M. de La Ferté, sous le nom de *Chaperon*. Chez les *Stéréopes*, insectes étrangers à notre pays, le postépistome est séparé du front par un sillon très-marqué.

Le *Labre*, rarement échancré en devant, et le plus souvent transverse, subit aussi l'influence du développement des organes de la vision, et, devenu plus étroit, paraît constituer, chez les XYLOPHILIDES, une sorte de faux museau très-court.

Les *Mandibules*, presque voilées par le labre, sont peu ou médiocrement saillantes au devant de cette partie. Elles sont généralement bifides à leur extrémité (1). Le plus souvent elles sont échancrées ou finement denticulées à leur côté interne. Chez les Notoxiens, elles prennent un développement anormal, débordent assez fortement le labre, en offrant leur côté externe soit arrondi, comme chez les Mécynotarses, soit coupé à angle droit, comme chez les Notoxes.

Les *Mâchoires* sont divisées en deux lobes ciliés : l'interne ordinairement plus court.

Les *Palpes maxillaires* varient de longueur. Leur dernier article toujours le plus grand, est sécuriforme ou cultriforme.

Les *Palpes labiaux*, toujours plus courts que les précédents, ont leur dernier article plus gros, sécuriforme, obtriangulaire, ovoïde ou subglobuleux.

La *Languette* est saillante, rétrécie en arrière chez les Notoxiens, ordinairement tronquée, plus rarement échancrée en devant.

Le *Menton* varie de consistance et de forme. Généralement corné, il devient subcoriace ou membraneux quand il est en partie caché dans une échancrure de la pièce prébasilaire, comme on le voit chez les Mécynotarses. Chez les Notoxiens il est plus étroit que le sous-menton; chez les Anthiciens, il déborde la pièce prébasilaire; il est petit chez les XYLOPHILIDES et dans la première famille des ANTHICIDES, généralement transverse, tronqué ou arqué en devant chez les autres, toujours lié, sans intermédiaire, à la pièce prébasilaire, dont le développement est souvent en sens inverse du sien.

Les *Antennes* sont insérées à découvert ou sous une légère saillie des côtés d'un postépistome confondu avec le front; le plus souvent elles sont situées au devant des yeux ou près de leur partie antéro-interne.

(1) Elles sont terminées en pointe chez les Stéréopes.

Habituellement à peine aussi longues ou faiblement plus longues que la moitié du corps, chez les Anthicides, elles égalent quelquefois presque sa longueur, chez les ♂ de quelques Xylophilides. Parfois elles présentent une grosseur presque uniforme : le plus souvent elles vont en grossissant graduellement un peu vers le sommet. Toujours composées de onze articles : le 1er est ordinairement plus robuste : le 2e habituellement court : le 3e, aussi court que le précédent chez les Adères ou véritables Xylophiles, est en général plus long que chacun des sept suivants : les 4e à 10e, souvent presque de même longueur, sont tantôt obconiques, subfiliformes ou submoniliformes, tantôt rarement plus ou moins sensiblement dentés, au moins chez les ♂ : le 11e, le plus souvent ovoïdo-conique, est exceptionnellement allongé, chez quelques Xylophilides (1).

Les *Yeux*, à facettes plus ou moins grosses, sont tantôt entiers, petits ou médiocres, ovalaires ou subarrondis et situés sur les côtés de la tête, comme les Anthicides en offrent l'exemple, tantôt plus gros et d'un développement parfois variable suivant les sexes, et généralement échancrés, comme on le voit chez les Xylophilides.

Le *Prothorax*, chez les Anthicides, est séparé de la tête par un nodule ou sorte de cou, ordinairement très-apparent, si ce n'est chez les Tomodères : cet appendice est au contraire indistinct chez les Xylophilides ; la tête semble, par là, chez ces dernières, simplement accolée contre le pronotum. Toujours notablement plus étroit à sa base que les élytres aux épaules, le prothorax varie par ses proportions et ses formes. Chez les insectes du premier groupe, son dos est séparé de ses flancs par un bord tranchant, au moins à ses angles postérieurs, qui sont assez nettement indiqués : chez ceux du second groupe il n'offre point de ligne tranchante sur les côtés ; les limites entre le dos et les flancs sont indécises, et les angles postérieurs sont plus ou moins effacés. Plus sensiblement rétréci en arrière chez les Anthicides que chez les premiers Colligères, le prothorax offre aussi chez ceux-là une plus grande variété de formes. Ainsi, chez les *Notoxiens*, il présente en devant une

(1) Chez les Sféropes, les trois derniers articles sont allongés.

saillie corniforme, subhorizontale, denticulée sur une partie de ses côtés et sur la crête peu saillante dont il est chargé. Chez les autres, il est inerme, le plus souvent plus large et subarrondi à des angles antérieurs, sinueusement rétréci en arrière : quelquefois ce rétrécissement est plus prononcé, et il semble divisé en deux nodules par un sillon transversal ; d'autres fois ce sillon s'efface en tout ou en partie, les sinuosités s'affaiblissent ; mais chez plusieurs, il offre de chaque côté une fossette plus ou moins prononcée.

L'*Ecusson* est petit, toujours distinct, souvent obtriangulaire, parfois plus large que long.

Les *Elytres* exceptionnellement pas plus larges à leur base que le prothorax à la sienne, chez les Formicomes, débordent toujours aux épaules, ce segment, de près de la moitié de la largeur de chacune ; ordinairement près d'une fois plus longues que larges, dans le second groupe, elles sont habituellement moins longues dans le premier. Habituellement elles sont subparallèles ou subgraduellement un peu plus larges vers la moitié de leur longueur : chez les Formicomes, dont la base ne déborde pas celle du prothorax, elles sont ovalaires, atténuées en devant et en arrière et montrent des épaules presque effacées. Quelquefois presque planiuscules sur le dos, leur convexité varie chez les autres : chez tous, elles sont convexement déclives sur les côtés, de manière à cacher ou à laisser faiblement apercevoir le bord externe, quand l'insecte est examiné perpendiculairement en dessus. Leur forme, à leur partie postérieure, varie parfois suivant les sexes. Chez quelques-uns, elles voilent à peu près complètement le dos de l'abdomen : chez la plupart, elles laissent à découvert un ou deux arceaux de celui-ci.

Leur *Repli* est généralement tourné en dehors chez les ANTHICIDES, de telle sorte qu'il est tranchant sur toute sa longueur. Chez les XYLOPHILIDES, ce repli est presque nul ou confondu avec le bord, si ce n'est vers sa base.

Sous les élytres existent ordinairement des ailes membraneuses, tantôt propres au vol et en conséquence complètement développées, tantôt rudimentaires ou presque nulles.

Le *dos de l'Abdomen* offre le plus souvent à son extrémité, chez les

♂, une petite pièce désignée sous le nom de *pygidium*, destinée à voiler le dernier arceau ventral et les organes internes, pièce qui ne se montre pas chez les ♀.

Le *Dessous du corps*, dont l'étude fournit des caractères toujours en harmonie avec la vie de relation, n'offre pas des modifications d'une grande importance chez nos COLLIGÈRES. La partie antérieure de l'antépectus varie de développement.

Les *Postépisternums* dont l'allongement correspond à celui du postpectus et par conséquent à la distance qui existe entre les pieds intermédiaires et les postérieurs, les postépisternums, disons-nous, sont généralement allongés, soit subparallèles, soit rétrécis d'avant en arrière.

Les *Epimères postérieures* sont cachées ou peu apparentes.

Le *Ventre* est composé de cinq arceaux, dont l'antérieur, le plus grand, égale quelquefois le double du second, et forme à sa partie antéro-médiaire une saillie qui s'avance entre les hanches postérieures qu'elle sépare plus ou moins. A son extrémité, le ventre montre souvent des différences caractéristiques des sexes, et laisse plus rarement apparaître les rudiments d'un sixième arceau.

Les *Pieds* sont propres à la marche et à la course.

Les *Hanches antérieures* sont cylindriques ou obconiques, contiguës.

Les *Hanches intermédiaires* obliques ou subparallèles, chez les ANTHICIDES ; subglobuleuses, chez les Xylophilides, séparées chez tous par un mésosternum plus ou moins étroit.

Les *Hanches postérieures*, transverses, plus ou moins largement séparées par un avancement de la partie antéro-médiaire du premier arceau ventral.

Les *Cuisses* souvent simples, ou légèrement en fuseau, sont quelquefois en massue, comme on le voit chez les Formicomes. Elles sont parfois armées chez quelques ♂ d'une épine distinctive de ce sexe.

Les *Tibias*, généralement simples, offrent parfois aussi des singularités sexuelles. Ainsi, chez certains mâles, les postérieurs vont en s'élargissant triangulairement vers l'extrémité, ou présentent une petite dent, vers le milieu de leur côté interne. Ils sont munis d'éperons moins courts aux postérieurs qu'aux précédents.

Les *Tarses* sont hétéromères; garnis en dessous de poils flexibles; ordinairement plus courts que la jambe, ceux de derrière en dépassant la longueur chez les Mécynotarses. Grèles et simples chez ces derniers, ils ont habituellement l'avant-dernier article presque bilobé, triangulairement élargi, tronqué ou faiblement échancré à l'extrémité et creusé en dessus d'un sillon, dans lequel se loge la base du dernier; mais parfois cet article est très-court et reçu dans une échancrure du précédent.

Les *Ongles* sont simples, grèles et aigus.

GENRE DE VIE DES INSECTES PARFAITS.

Nos Colligères, par l'effet de la petitesse de leur taille, ont médiocrement attiré l'attention des naturalistes. On a négligé de les suivre dans leurs premiers états, ou du moins la science est encore muette sur ce point. Vraisemblablement leurs larves doivent se nourrir de matières organisées, altérées ou en voie de décomposition. Toutefois leur genre de vie doit présenter des différences sensibles dans les deux groupes.

Les Anthicides, aux pieds légers, révèlent par la vivacité de leur démarche, le soin dont ils sont agités. La plupart arpentent, comme des forbans, les plages maritimes, les rives sablonneuses des fleuves ou des rivières, pour y trouver l'occasion d'une bonne fortune. Quand les flots ont rejeté sur les bords qu'ils baignent les petits animaux, et les débris des végétaux entraînés par les caux, ils ne sont pas souvent les derniers à se présenter à la curée. Comme les Piméies, et autres insectes ayant la même mission providentielle, ils s'attachent à faire disparaître ces épaves. Il est facile de les attirer, en déposant dans ces lieux des chairs mortifiées, des substances alimentaires tirées du règne animal, surtout des matières graisseuses.

Ces espèces riveraines, sans avoir les pieds fouisseurs, se cachent ordinairement avec facilité dans le sable, comme les Bembidions et les Stènes, et y cherchent dans le sol mobile une retraite passagère, quand les flots viennent inopinément les surprendre.

D'autres fois, elles demandent aux arbres plantés sur les bords humides un moyen d'échapper aux inondations; aussi les trouve-t-on souvent sur les troncs des peupliers sur lesquels leur avidité inquiète cherche l'occasion d'utiles rencontres.

Diverses espèces d'Anthicides vivent éloignées des rivages; on les trouve à terre, sous les débris de végétaux, aux pieds des plantes, dans les fagots entassés dans les bois ou sur les bûches rassemblées en tas, dans les champs ou les forêts. Si des chasseurs laissent parfois sur le sol quelques débris de leur repas, ils font volontiers leur profit de ces restes dédaignés.

Les Anthicides ne brillent pas en général par l'éclat ou la vivacité de leurs couleurs. Le noir, le brun, le fauve ou le testacé constituent les principales teintes de leur cuirasse. Mais souvent leurs étuis sont parés de taches plus claires, qui ôtent à leur robe sa monotonie; mais la matière colorante, suivant son développement ou son défaut, altère parfois le dessin primitif, au point de le rendre peu facilement reconnaissable.

Nos Anthicides ne se trouvent pas indifféremment sous toutes nos zones : plusieurs espèces semblent exclusivement maritimes, et parmi celles-ci, le plus grand nombre de celles de notre pays se plaît dans nos provinces du midi.

Le Xylophilides, moins vifs dans leurs mouvements, semblent sous le rapport de leurs formes extérieures, offrir quelque analogie avec les Anobides, quoique leur tête, au lieu d'être encapuchonnée, soit complètement à découvert. Comme ces derniers, la plupart traînent une vie assez obscure. Plusieurs se tiennent sur les écorces, sur les branches mortes ou sur les rameaux et les feuilles des arbres; d'autres se trouvent sous les débris des végétaux, dans les tas de bois en décomposition; quelques-uns se cachent dans le chaume du toit des bergeries et des cabanes.

Tous ont une livrée analogue à l'obscurité de leur condition, et portent sur leur manteau les couleurs adoptées par le deuil ou la pauvreté.

Il faut avoir l'esprit investigateur d'un naturaliste, pour fixer son attention sur ces êtres que leur taille liliputienne et leur cuirasse sans éclat font dédaigner du vulgaire; mais aux yeux de celui qui se plaît à étudier, jusque dans leurs détails, les lois harmoniques qui régissent les corps organisés sur la terre, ces myrmidons trouvent leur raison d'être et leur utilité particulière; et la délicatesse et les admirables proportions de leurs organes nous révèlent d'une manière plus merveilleuse la puissance créatrice de Dieu, que la structure colossale de ces mammifères géants, dont la masse nous étonne par sa monstrueuse grosseur.

HISTORIQUE DE LA SCIENCE.

Examinons maintenant les vicissitudes subies jusqu'à ce jour par la classification de ces insectes.

1758. Le législateur des sciences naturelles, Linné, dans la dixième édition de son *Systema Naturae*, colloqua dans ses genres *Tenebrio* et *Meloe*, les deux seules espèces de cette tribu qui avaient passé sous ses yeux.

1761. Dans la 2e édition de la *Fauna suecica*, il réunit les deux espèces précitées dans son genre *Meloe* et en plaça une troisième parmi les *Attelabus*.

1762. Geoffroy, dans son *Histoire abrégée des insectes*, constitua avec cette dernière le genre *Notoxus*, et fit figurer l'une des deux autres parmi ses *Cantharis*, coupe correspondante à celle de *Meloe* de l'auteur suédois.

1767. Ce dernier, dans la 12e édition de son *Systema Naturæ*, reunit dans le genre *Meloe* les trois espèces de nos Colligères connues de lui.

1775. Fabricius, dans son *Systema entomologiae*, adopta le genre *Notoxus* pour les espèces à prothorax armé d'une sorte de corne, et adjoignit les espèces à corselet mutique à ses *Lagries*.

Il suivit la même marche dans ses deux ouvrages suivants.

1774. Muller (L. F. S.), dans son édition du *Systema Naturae*, de Villers, dans son *Entomologia C. Linnaei*, Schrank, dans son *Enumeratio insectorum*, marchèrent sur les traces de Linné.

Gmelin, dans la 13e édition du *Systema Naturae* (1788) et Rossi, dans sa *Fauna etrusca* (1790), adoptèrent les idées de Fabricius. Ce dernier auteur égara dans le genre *Carabus*, une espèce de nos COLLIGÈRES restée inconnue aux auteurs précédents.

Herbst, Olivier, Panzer, etc., comprirent généralement dans le genre *Notoxus* les espèces de nos Colligères décrits dans leurs ouvrages.

1792. Entraîné par leur exemple, Fabricius, dans son *Entomologia systematica*, réunit à cette coupe générique les espèces placées parmi ses Lagries.

1797. Latreille, dans son *Précis des caractères génériques des insectes*. fit entrer le genre *Notoxe* dans la 12e famille des Coléoptères ayant

Les tarses antérieurs et intermédiaires de cinq articles : les postérieurs de quatre; la lèvre inférieure entière ou presque entière; les antennules antérieures en massue sécuriforme.

1798. Paykull, dans le premier volume de sa *Fauna suecica*, substitua le nom d'*Anthicus* à celui de *Notoxus*.

1800. Duméril, comme Olivier et Latreille, s'était attaché à la méthode tarsienne de Geoffroy.

Dans sa *Classification des insectes*, annexée au premier volume de l'*Anatomie comparée* de G. Cuvier, nos Colligères prirent place parmi les Coléoptères ayant cinq articles aux tarses des quatre pattes antérieures et quatre à celles de derrière, et figurèrent sous le nom de *Notoxus* dans sa famille des VÉSICANTS.

1801. Lamarck, dans son *Système des animaux sans vertèbres*, en forma, sous le nom de *Notoxe*, le 55e genre de ses Coléoptères, faisant suite à celui de *Lagrie*.

1801. Fabricius, dans son *Systema eleutheratorum*, adopta le nom d'*Anthicus*, appliqué par Paykull aux insectes dont il est ici question. et transporta celui de *Notoxus*, sous lequel ils étaient généralement connus, à quelques-uns des Attelabus de Linné.

1802. Marsham, cet admirateur attardé du Pline du nord, dans son *Entomologia britannica*, comprit les insectes qui nous occupent dans le genre *Lytta*, formé par Fabricius aux dépens de celui de *Meloe* de l'illustre suédois.

1804. Latreille, dans le t. Xe de son *Histoire naturelle des crustacés* et des *insectes*, conserva à nos Colligères le nom générique de *Notoxus*, et plaça cette coupe dans la famille des *Hélopiens;* il divisa ce genre en deux sections, comme l'avait fait Fabricius : la première comprit les espèces à corselet cornu : la seconde, celle à corselet mutique.

1806. Duméril, dans sa *Zoologie analytique*, continua à comprendre nos COLLIGÈRES dans sa famille des VÉSICANTS OU EPISPASTIQUES, la première des Coléoptères hétéromerés :

A élytres molles, très-flexibles, et à antennes très-variables.

Dans ce travail, il restitua avec raison le nom de *Notoxe* aux espèces à corselet cornu, et appliqua celui d'*Anthice* à celles dont le corselet est simple.

1807. Latreille, dans le second volume de son *Genera*, crut ne devoir pas suivre cet exemple ; mais il transporta ses *Notoxes* de sa famille des HÉLOPIENS, dans celle des PYROCHROÏDES. Il ne changea rien à ces dispositions dans ses *Considérations sur l'ordre naturel des animaux*.

1810. Gyllenhal, dans le second volume de ses *Insecta suecica*, suivit son compatriote Paykull.

1812. Lamarck, dans son *Extrait du cours de zoologie du Muséum*, divisa les Hétéromères en deux principales familles : les *Tenebrionites* et les *Cantharidiens*. Les *Notoxus* prirent place dans cette dernière, avec d'autres genres ayant comme eux les antennes non en scie ni pectinées.

1816. Duméril, qui avait d'abord divisé nos Colligères en *Notoxus* et *Anthicus*, les réunit à regret sous ce dernier nom, dans le t. II du *Dictionnaire des sciences naturelles*, et y adjoignit la seule espèce de nos *Xylophilides* connues de lui.

1817. Dans le t. IV de l'*Histoire naturelle des animaux sans vertèbres*, Lamarck comprit nos Colligères dans sa division des TRACHÉLITES, partagée en *Polytipiens*, ayant les crochets des tarses simples, et les *Cantharidiens*, ayant les crochets des tarses doubles.

Les premiers furent ainsi répartis :

α Tarses à pénultième article bilobé.

β Antennes simples (*Notoxe*, *Scraptie*).

ββ Antennes en scie, pectinées ou branchues (*Pyrochre*).

αα Tarses à articles entiers, au moins ceux des pattes postérieures. *Rhipiphore*, *Mordelle*, *Anaspe*, *Apale*.

1817. Latreille, dans le 3e volume du *Règne animal* de Cuvier, partagea les Hétéromères en quatre familles ; 1o les Mélasomes ; 2o les Taxicornes ; 3o les Sénélytes ; 4o les Trachélides ayant la tête séparée du corselet par une sorte de cou. Nos Colligères y trouvaient naturellement place. Cette famille fut divisée en plusieurs groupes :

α Crochets des tarses simples.

β Corps long, droit, déprimé, avec le corselet rond ou conique, les étuis de la longueur de l'abdomen, de la même largeur ou plus large et arrondies au bout (*G. pyrochroa Apalus*).

ββ Corps élevé ou arqué, avec la tête basse, le corselet en trapèze ou en demi-cercle, l'abdomen conique et les étuis soit très-courts, soit terminés en pointe (*Rhipiphorus*, *Mordella*, *Anaspis*, *Scraptia*).

βββ Corselet en forme de cœur, rétréci postérieurement ou formé d'un à deux nœuds (*Notoxus*, *Steropus*).

αα Crochets des tarses profondément divisés ou doubles (*Meloe*, *Mylabris*, etc.).

1819. L'illustre auteur, dans le t. XXXIV du *Nouveau Dictionnaire d'histoire naturelle*, partagea sa famille des Trachélides en cinq familles :

1o Les *Pyrochroïdes* (*Pyrochre*).
2o Les *Mordellones* (*Myode*, *Rhipiphore*, *Pélécotome*, *Anaspe*, *Scraptie*).
3o Les *Anthicites* (*Notoxe*, *Sléropc*).
4o Les *Horiales* (exotiques).
5o Les *Cantharidies* (*Tetraonyx*, *Mylabre*, *Cérocome*, *Méloé*, *Cantharide*, *Apale*, *Nemognathe*, *Sitaris*).

1821. Dans son *Catalogue des Coléoptères*, ouvrage qui a beaucoup contribué à répandre le goût de l'entomologie, le comte Dejean, admirateur de Fabricius, dont les écrits lui servaient de point de départ, comprit à l'exemple du naturaliste danois, nos Colligères dans le genre *Anthicus*.

1825. Latreille, dans ses *Familles naturelles du règne animal*, modifia son dernier travail en introduisant, dans sa famille des Trachélides, la tribu des *Lagriaires*. Il mentionna aussi pour la première fois, parmi les *Anthicides*, une coupe générique nouvelle, celle de *Xylophile*, indiquée par Bonelli, mais dont les caractères n'étaient pas encore formulés.

Panzer avait antérieurement senti le besoin de cette création, car il s'était déjà demandé, dès 1796 (4e année de sa faune d'Allemagne, fasc. 35. 4), si les *Notoxus populneus* et *melanocephalus*, qui font aujourd'hui partie du genre Xylophile, ne devaient pas constituer une coupe générique nouvelle.

1829. Latreille, dans la seconde édition du *Règne animal* de Cuvier, conservait parmi les Trachélides, les six tribus établies par lui précédemment, mais il faisait passer le genre *Scraptia* de celle des *Mordellones* dans celles des *Anthicides*; et, faute d'avoir reconnu cinq articles aux quatre tarses antérieurs des *Xylophiles*, il les plaçait dans la division des Tétramères, à la suite des Bruches.

1829. M. Westwood, dans ses observations sur les Notoxides, publiées dans le tome V. du *Zoological journal* (1), établit dans cette tribu deux genres nouveaux : *Aderus* et *Euglenes*, dont le premier paraît répondre à celui de *Xylophilus* trop brièvement décrit par Latreille, et dont le second était un démembrement de cette coupe générique indiquée par Bonelli.

1832. Stephens, dans le tome V de ses *Illustrations*, divisa sa famille des Notoxides de la manière suivante :

	Genres.
α Tête subcordiforme, ayant un cou distinct.	
β Prothorax avancé en devant en forme de corne.	*Notoxus.*
ββ Prothorax mutique.	*Anthicus.*
αα Tête sans cou distinct.	
β Cuisses toutes simples.	
δ 2e et 3e articles des antennes très-courts.	*Aderus.*
δδ 2e article des antennes seul très-court.	*Euglenes.*
ββ Cuisses postérieures renflées.	*Xylophilus.*

(1) Observations upon the Notoxidae, a Family of Colopterous Insects, with Characters of two new British Genera separated therein.

Il divisait ainsi, à l'exemple de Duméril, dans sa *Zoologie analytique*, nos Anthicides en deux genres.

1834. Sahlberg (Reinhold Ferdinand) dans ses *Dissertations*, comprenant la description de nouvelles espèces de Coléoptères de la Finlande, travail reproduit dans le t. VII du *Bulletin* de la Société impériale des Naturalistes de Moscou, créait, parmi nos Xylophilides, le genre *Phytobænus*.

1837. Dejean, dans la 3e édition de son *Catalogue*, comprit tous nos Colligères dans la famille des Trachélides, et les plaça, après les Pyrochres, dans l'ordre suivant : *Agnathus*, *Steropes*, *Monocerus* (Mégerle), (genre plus antérieurement créé sous le nom de *Notoxus*, par Geoffroy), *Anthicus*, *Ochthenomus* (Dejean), *Xylophilus* (Bonelli).

1840. M. de Castelnau, dans son *Histoire naturelle des Insectes*, admit parmi les *Anthicites*, à la suite des *Notoxus* et *Anthicus*, le genre *Scraptia* et celui de *Psammœcius* (écrit fautivement pour *psammæcus*) dont la place est plus naturellement indiquée ailleurs.

1842. Le docteur Schmidt, dans un excellent travail sur les espèces européennes du genre *Anthicus* de Fabricius, travail inséré dans le tome III de la *Gazette entomologique* de Settin, réserva, à l'exemple de Duméril et de Stephens, le nom de *Notoxus* aux seules espèces rentrant dans le genre créé par Geoffroy, conserva aux autres le nom d'*Anthicus*, à l'exception de celles que le comte Dejean avait séparées sous le nom d'*Ochtenomus*, coupe générique dont il donna les caractères distinctifs.

1845. M. Blanchard, dans son *Histoire des insectes*, divisait la tribu des Cantharidiens en familles et en groupes. Les *Anthicides* y formèrent le troisième groupe de la famille des Lagriides.

1845. La même année, M. L. Redtenbacher, dans ses *Genres de la faune d'Autriche*, disposés d'après une méthode analytique, comprit dans la famille des *Anthici*, les genres *Notoxus*, *Anthicus* et *Xylophilus*. Il ne changea rien à cette disposition dans la 1re édition (1849) de sa *Fauna austriaca*.

1845. La même année encore, M. de Motschulsky, dans le premier cahier des *Bulletins de Moscou*, indiquait, sous le nom de *Formicoma*, un nouveau genre formé aux dépens de celui d'*Anthicus*, et que M. le comte Mannerheim, dans les *Bulletins* de 1846, de la même Société, proposait, avec plus de raison, d'appeler *Myrmecosoma*.

1848. M. de la Ferté-Sénectère fit paraître, sous le titre de *Monographie des Anthicus* et *genres voisins*, un de ces travaux qui font époque dans la science.

Cette monographie est divisée en trois parties distinctes :

Les PSEUDO-ANTHICITES, insectes presque tous exotiques, et dont un seul genre (*Steropes*) peut être considéré comme européen (1).

Les ANTHICITES.

Le genre *Agnathus*, que l'auteur considérait comme étranger aux ANTHICITES, et dont la place lui semblait plus naturellement indiquée au devant des *Salpingus*.

Les ANTHICITES furent divisés de la manière suivante :

	Genres.
A Corselet prolongé antérieurement en pointe.	
α Tarses postérieurs peu grêles, pas plus longs que les tibias.	*Notoxus*.
αα Tarses postérieurs très-grêles et beaucoup plus longs que les tibias.	*Mecynotarsus*.
AA Corselet arrondi antérieurement.	
β Antennes n'étant pas insérées sous les bords latéraux du chaperon.	
γ Elytres ovalaires, et en même temps toutes les cuisses fortement dilatées.	*Formicomus*.
γγ Elytres rarement ovalaires, ou quand elles le sont, n'étant pas accompagnées de cuisses fortement dilatées.	
δ Corselet fortement bilobé, et en même temps les antennes fortement moniliformes.	*Tomoderus*.

(1) M. de la Ferté ne s'est pas exprimé sur la place à donner aux Xylophiles. Par une modestie exagérée, après avoir consacré beaucoup de temps à leur étude difficile, il a laissé le soin de les décrire à Erichson, qui lui avait laissé entendre qu'il avait réuni des matériaux pour la monographie de ce genre, et il avait envoyé en communication à ce dernier, tous les Xylophiles déjà réunis et coordonnés par lui. La mort prématurée du savant entomologiste de Berlin, a rendu cette communication infructueuse.

δδ Corselet rarement bilobé, et quand il l'est n'étant pas accompagné d'antennes fortement moniliformes. *Anthicus.*

ββ Antennes insérées sous les rebords latéraux du chaperon *Ochthenomus.*

Dans ce travail, que nous avons borné aux insectes de notre pays, M. de la Ferté créait des genres *Mecynotarsus* et *Tomoderus* et formulait les caractères propres à faire admettre celui de *Formicomus*, indiqué auparavant avec une terminaison féminine, par M. de Motschulski.

1851. M. J. Leconte, dans ses *Descriptions de nouvelles espèces de Coléoptères de la Californie*, publiées dans les Annales du Lycée d'Histoire naturelle de New-York, établissait (p. 152) le genre *Formicilla*, que le savant auteur réunissait l'année suivante au genre *Formicomus* de M. de la Ferté, dans son *Synopsis des Anthicites des Etats-Unis*, inséré dans le sixième volume (p. 92) des procès-verbaux de l'Académie des Sciences naturelles de Philadelphie.

1859. M. Lacordaire, dans son *Genera*, répartit dans des familles diverses les insectes objets de cette étude.

Les *Aguathides* constituèrent la troisième tribu de la famille des PYTHIDES.

Les *Xylophiles* firent parti de la tribu des *Scraptiides*, la seconde de la famille des PÉDILIDES.

Les *Anthicides* constituèrent une famille particulière divisée de la manière suivante :

Genres.

A Saillie intercostale large, ogivale ou tronquée; cuisses en massue. *Formicomus.*

AA Saillie intercoxale médiocrement large, triangulaire.

α Prothorax divisé en deux par un étranglement.

β Tête distante du prothorax ; cuisses en massue. *Leptaleus.*

ββ Tête contiguë au prothorax; cuisses simples. *Tomoderus.*

αα Prothorax non divisé par un étranglement.

c Prothorax muni d'une corne en avant.

δ Tarses postérieurs au plus aussi longs que les jambes. *Notoxus.*

δδ Tarses postérieurs beaucoup plus longs que les jambes. — *Mecynotarsus.*

×× Prothorax sans corne ni dentelures.

ε Antennes insérées complètement à découvert. — *Anthicus.*

εε Antennes insérées sous de petites saillies de l'épistome (1). — *Ochthenomus.*

1863. Enfin feu Jacquelin Du Val, dans son *Genera des Coléoptères d'Europe* constitua aussi une famille particulière des Anthicides, dans laquelle il fit entrer les *Pédilides* vrais de M. Lacordaire; il éleva au rang de famille la seconde tribu des *Pédilides* du savant entomologiste de Liége, celle des Scraptiides dans laquelle trouvèrent place les *Xylophilites*, et adoptant la manière de voir de ce naturaliste, plaça dans la famille des Pythides, à la suite du groupe des *Salpingites*, celui des *Agnathides*, dont la place toutefois lui semblait embarrassante à fixer.

Le groupe des *Anthicites*, dans lequel rentrent tous nos Anthicides de France, fut partagé ainsi qu'il suit :

Genres.

A. Prothorax antérieurement prolongé au dessus de la tête en une sorte de corne horizontale robuste et denticulée (*Notoxites*).

α Tarses filiformes à pénultième article entier : les postérieurs très-grêles et très-allongés, notablement plus longs que les jambes. — *Mecynotarsus*

αα Tarses médiocres, à pénultième article excavé-échancré en dessus : les antérieurs plus épais et sensiblement déprimés. — *Notoxus.*

AA. Prothorax aucunement prolongé antérieurement en forme de corne (*Anthicites* propres).

β Tête courte et appliquée contre le prothorax, avec son cou invisible ou à peu près en desssus. Prothorax bilobé. Mandibules amples, aussi larges que longues, fortement arquées sur leur dos. — *Tomoderus.*

ββ Tête dégagée, avec son cou visible en dessus. Prothorax variable. Mandibules subtriangulaires, légèrement ou médiocrement arquées.

(1) Ou plutôt sous les saillies de cette partie de l'épicrâne que nous avons considérée comme étant un postépistome soudé au front.

γ Elytres régulièrement ovales-oblongues, atténuées en avant et en arrière, avec leurs épaules effacées. Cuisses fortement claviformes. Menton presque en demi cercle. *Formicomus.*

γγ Elytres variables mais subtronquées à la base, et avec leurs épaules plus ou moins distinctes. Cuisses en général fusiformes, rarement légèrement claviformes; mais alors épaules bien marquées. Menton légèrement tronqué en avant.

δ Antennes insérées complètement à découvert. *Anthicus.*

δδ Antennes insérées sous de petites saillies frontales plus ou moins marquées. Corps long, étroit, très-peu convexe. *Ochthenomus.*

M. de Laferté, et MM. Lacordaire et Jacquelin Du Val, à son exemple, ont jugé avec raison que le genre *Agnathus* ne pouvait rester dans la même tribu ou famille que les ANTHICIDES. D'autre part, les *Xylophiles* se lient évidemment aux Scrapties et aux Trotomes, dont ils s'éloignent par l'étroitesse de leur prothorax; par leur tête aussi large que ce segment. Ils font évidemment le passage des Hétéromères de notre seconde division, ayant la base du prothorax aussi large que celle des élytres à ceux chez lesquels le premier segment thoracique est notablement plus étroit que les épaules.

Ces considérations et quelques autres nous portent à modifier de la manière suivante le tableau donné dans le volume des BARBIPALPES, p. 2.

Base du prothorax

- *aussi large que celle des élytres*
  - Tête engagée dans le prothorax, plus étroite que ce dernier. Antennes insérées vers le milieu du côté interne des yeux. Palpes maxillaires généralement longs . . . . BARBIPALPES.
  - Tête non engagée dans le prothorax, accolée contre lui, sans cou visible, verticale ou inclinée. Prothorax plus large en arrière qu'en avant. Pieds postérieurs ordinairement allongés . . . LONGIPÈDES.
- *en général notablement moins large que les élytres aux épaules; rarement aussi large, mais alors tête prolongée en forme de trompe ou de museau.*
  - Tête accolée contre le prothorax ou séparée de lui par un cou.
    - Tête verticale ou inclinée. Antennes ni pectinées ni fortement dentées en scie. Elytres de largeur médiocre
      - Ongles simples. . . . . . . COLLIGÈRES.
      - Ongles divisés. . . . . VÉSICANTS.
    - Tête assez faiblement penchée. Antennes pectinées ou fortement dentées en scie. Elytres larges, surtout après la moitié de leur longueur. . . . . LATIPENNES.
  - Tête engagée dans le prothorax.
    - Prothorax notablement plus étroit que les élytres.
      - Elytres offrant postérieurement leur plus grande largeur. Prothorax presque cylindrique. Antennes grossissant vers l'extrémité . . . . CYLINDRICOLLES.
      - Elytres offrant leur plus grande largeur vers la moitié de leur longueur. Prothorax ordinairement plus étroit près de sa base.
        - Antennes souvent grêles; filiformes ou plus minces vers leur extrémité. Élytres souvent flexibles, souvent rétrécies postérieurement. Pénultième article des tarses presque subbilobé . . . . ANGUSTICOLLES.
        - Antennes fortes ou plus grosses vers l'extrémité. Elytres de consistance solide, non rétrécies postérieurement. Pénultième article des tarses entier . . . . SIMPLICITARSES.
    - Prothorax aussi large que les élytres. Tête prolongée en forme de trompe ou de museau. . . . . ROSTRIFÈRES.

Les Colligères de notre pays se divisent en deux groupes :

		Groupes.
Tête	ordinairement un peu échancrée en arc à son bord postérieur; circulairement concave à sa partie postérieure; accolée contre le prothorax ou ne laissant voir que d'une manière incomplète une espèce de cou. Prothorax n'offrant pas à sa partie antérieure une espèce de goulot dans lequel s'engage le cou; tranchant ordinairement, au moins près des angles postérieurs; généralement peu rétréci près de sa base.	XYLOPHILIDES.
	arrondie ou tronquée à sa partie postérieure; visiblement séparée du prothorax par un cou et par l'espèce de goulot dans lequel ce cou est reçu. Prothorax sans tranchant sur les côtés servant à séparer son dos de ses flancs, très-sensiblement rétréci au devant de sa base	ANTHICIDES.

PREMIER GROUPE.

LES XILOPHILIDES.

CARACTÈRES. *Tête* ordinairement un peu échancrée en arc à son bord postérieur; circulairement concave à sa partie postérieure; accolée contre le prothorax ou ne laissant voir que d'une manière incomplète une sorte de cou. *Prothorax* n'offrant pas à sa partie antérieure une espèce de goulot dans lequel s'engage le cou ; ordinairement tranchant sur les côtés, au moins près des angles postérieurs; généralement peu rétréci près de sa base. *Hanches intermédiaires* subglobuleuses. *Tarses* à pénultième article habituellement très-court : le premier des postérieurs de moitié environ plus long que les trois suivants réunis.

Les Xylophilides servent à lier les Colligères aux Longipèdes ; ils ont une très-grande analogie avec les SCRAPTIENS, dont ils se distinguent sans peine par leurs élytres débordant la base du prothorax du tiers au moins de la largeur de chacune; par leurs hanches postérieures séparées par la saillie antéro-médiane du premier arceau ventral ; par le premier article des tarses postérieurs beaucoup plus long, et par quelques autres caractères. Par ces considérations, ils doivent constituer un groupe particulier dans notre tribu des COLLIGÈRES, ou en former une famille à part (les SOLÉATAIRES), comme nos SCRAPTIENS en devraient constituer une spéciale parmi nos LONGIPÈDES.

Les Xylophilides peuvent être réduits au

Genre *Xylophilus*, Xylophile ; Latreille.

(ξυλον, bois; φάγος, mangeur).

Caractères. Ajoutez à ceux de la tribu et du groupe :

Tête perpendiculaire ou très-penchée; généralement plus large que longue; en général verticalement coupée après le vertex, à sa partie postérieure. *Yeux* de grosseur variable, suivant les espèces ou les sexes; le plus souvent échancrés. *Antennes* insérées à découvert dans l'échancrure des yeux ou près du bord antéro-interne de ces organes; ordinairement un peu épaissies vers l'extrémité, parfois subfiliformes; généralement plus longues chez les ♂ que chez les ♀ ; de 11 articles: le 2e ordinairement le plus court : le 3e variable : le 11e ovoïdo-conique, parfois appendicé. *Prothorax* habituellement presque carré, ou un peu plus large ou plus long; peu ou médiocrement rétréci près de sa base; assez souvent creusé au devant de celle-ci d'un sillon transversal, parfois réduit à deux fossettes transverses. *Elytres* voilant ordinairement le dos de l'abdomen.

Les Xylophilides sont des insectes de petite taille, de couleurs peu remarquables, offrant souvent des différences sensibles, suivant les sexes, dans la grosseur de leurs yeux, la longueur ou la conformation de quelques-uns des articles de leurs antennes, dans la longueur de leur prothorax, dans la conformation de leurs élytres.

Ils paraissent se nourrir exclusivement de matières végétales, surtout de celles qui sont altérées. On les trouve sous les écorces, sous les tas de bois entassés dans les forêts, dans les bois en décomposition, dans les toits de chaume, quelquefois sur les branches ou les feuilles des arbres.

Ce genre peut être divisé de la manière suivante, pour nos espèces françaises.

A. 3e article des antennes non moniliforme, au moins aussi grand que le 2e. Cuisses postérieures non renflées.

B. Antennes insérées plus près de la ligne médiane du front que le point du bord interne des yeux le plus rapproché de cette ligne. Yeux peu ou point échancrés ; séparés entre eux par un espace égal aux trois cinquièmes de la largeur de la tête (S.-G. *Olotelus*). I.

BB. Antennes insérées moins près de la ligne médiane du front, que le point des yeux le plus rapproché de cette ligne. Yeux échancrés, séparés entre eux par un espace à peine égal à la moitié de la largeur de la tête, ou parfois plus rapprochés chez le ♂.

C. Antennes non dentées. Yeux séparés du bord postérieur de la tête par un espace égal à celui qui sépare leur bord postérieur du sinus de leur échancrure, c'est-à-dire à la moitié environ de leur diamètre longitudinal ; séparés entre eux, vers la base des antennes, par un espace égal à la moitié (♀) ou à peine au tiers (♂) de la largeur de la tête (S.-G. *Anidorus*) II.

CC. Antennes dentées (♂) ou subdentées (♀). Yeux prolongés jusqu'au bord postérieur de la tête ; contigus entre eux dans leur point le plus rapproché (♂), ou séparés par un espace à peine égal au tiers de la largeur de la tête (♀) (S.-G. *Xylophilus*). III.

AA. 3e Article des antennes moniliforme, presque plus petit que le 2e. Cuisses postérieures renflées. Yeux échancrés, contigus ou à peu près au bord postérieur de la tête (S. G. *Euglenes*). IV.

I. Antennes à 3e article non moniliforme, au moins aussi grand ou plus grand que le 2e ; insérées plus près de la ligne médiane du front que le point du bord interne des yeux le plus rapproché de cette ligne. Yeux séparés entre eux par un espace égal environ aux trois cinquièmes de la largeur de la tête. Cuisses postérieures non renflées (S.-G. *Olotelus*).

α Prothorax sans dépression transversale au devant de sa base.

β Corps glabre ou paraissant tel; entièrement d'un roux testacé, avec les yeux noirs. Prothorax marqué d'un point enfoncé près de chaque angle postérieur. 1. *Punctiger*.

ββ Corps pubescent. Cuisses postérieures noires ou brunes. Elytres testacées. 2. *Pruinosus*.

αα Prothorax marqué, au devant de sa base, d'un sillon transversal, parfois réduit à deux fossettes transverses.

γ Corps entièrement d'un flave orangé avec les yeux noirs. 3. *Flaveolus*.

γγ Elytres en partie au moins brunes ou noires. 4. *Neglectus*.

1. **Xylophilus punctiger**; Mulsant et Rey.

Dessous du corps glabre ou paraissant tel; entièrement d'un roux testacé, avec les yeux noirs : ceux-ci entiers, suborbiculaires, tronqués en arrière, en ogive en devant, presque prolongés jusqu'au bord postérieur de la tête. Cette dernière lisse, imponctuée. Antennes à 3e article plus grêle et un peu plus long que le 2e : les 7e à 10e plus larges que longs. Prothorax accolé contre la tête ; transverse; faiblement rétréci et en ligne droite d'avant en arrière; convexe; pointillé, sans dépression. Ecusson en triangle tronqué, plus large que long. Elytres finement ponctuées; à peine marquées d'une fossette humérale.

Long. 0m,0029 (1 l. 1/3). — Larg. 0m,0007 (1/3 l.).

Corps oblong. *Tête* subtriangulaire, une fois moins longue depuis son bord postérieur jusqu'à l'épistome que large, prise aux yeux ; d'un roux testacé; glabre, lisse, luisante. *Yeux* noirs; médiocrement saillants, entiers, presque orbiculaires, obtusément tronqués en arrière, en ogive ou en angle obtus et à côtés curvilignes, en devant; prolongés presque jusqu'au bord postérieur de la tête, dont ils sont séparés par un espace égal environ au sixième de leur longueur. *Antennes* insérées au devant des yeux ; prolongées environ jusqu'au cinquième de la longueur des élytres; d'un roux tescacé; grossissant un peu graduellement à partir du 3e article : le 2e brièvement ovale ou presque moniliforme, plus gros et plus court que le 3e : les 3e à 6e aussi longs ou plus longs que larges; les 7e et 8e plus larges que longs : les 9e et 10e en carré transverse : le 11e parallèle, arrondi à l'extrémité, au moins aussi long que large. *Prothorax* tronqué en devant et accolé contre la tête; faiblement rétréci d'avant en arrière, et en ligne droite jusqu'à la base ou à peine un peu plus rétréci sur son tiers postérieur; sans rebord à la base ou n'offrant qu'une sorte de rebord très-étroit et au dessous du niveau de sa surface et à peine apparent; d'un sixième plus large que long; convexe; sans dépressions ou tubercules; d'un roux testacé luisant; finement pointillé, avec le bord postérieur lisse; marqué d'un point enfoncé, près de chaque angle postérieur. *Ecusson* d'un roux testacé; en triangle tronqué postérieurement, plus large à la base que long sur la ligne médiane. *Elytres* débordant la base du prothorax du tiers environ de la largeur de chacune; subarrondies et un peu plus avancées aux épaules; parallèles jusqu'à la moitié, puis faiblement rétrécies, arrondies, prises ensemble, à l'extrémité; des trois quarts environ plus longues que larges réunies; médiocrement convexes sur le dos; marquées d'une faible fossette humérale; sans autre dépression; d'un roux testacé; finement ponctuées; glabres ou paraissant telles. *Dessous du corps* et *pieds* d'un roux testacé.

Cette espèce a été trouvée par l'un de nous, dans les environs de Marseille, en fauchant les herbes.

Obs. Elle se distingue de toutes les autres par son corps glabre en dessus; par sa couleur; par sa tête impointillée; par la forme de ses yeux rapprochés du bord postérieur de la tête; par ses antennes insérées plus avant; par son prothorax sans dépression, marqué d'un point enfoncé près de chaque angle postérieur, etc.

2. **Xylophilus pruinosus**; Kiesenwetter.

Dessus du corps garni d'une pubescence fine et pruineuse. Yeux noirs, entiers, presque obtriangulaires, séparés du bord postérieur de la tête par un espace égal à environ la moitié de leur longueur. Tête brune; ponctuée. Prothorax brunâtre, convexe, ponctué, sans dépression transverse; souvent marqué sur la seconde moitié de sa ligne médiane d'un sillon parfois obsolète. Elytres convexes, ponctuées, sans dépressions; testacées ou d'un roux fauve ou testacé, souvent parées d'une bande brune, naissant au-dessous de l'épaule et prolongée presque jusqu'à l'extrémité. Pieds d'un roux testacé. Cuisses postérieures brunes ou brunâtres.

♂ 2e article des antennes plus court que le 3e : le dernier obliquement échancré d'un côté. Angles antérieurs du prothorax émoussés. Elytres subparallèles ou moins ovalaires.

♀ 2e article des antennes presque égal au 3e : le dernier ovoïdo-conique. Angles antérieurs du prothorax assez vifs. Elytres plus ovalaires.

Xylophilus pumilus (Dejean), Catal. (1837). p. 230. — *Xylophilus dimidiatus* (Marietti).
Xylophilus pruinosus. De Kiesenwetter, Berlin. Entom. Zeitschr. (1861). p. 241.

Long. 0m,0016 à 0m,0019 (3/4 à 4/5). — Larg. 0m,0008 (2/5).

Corps oblong. *Tête* convexe; finement et densement ponctuée; variant du noir au brun de poix ; brièvement garnie d'une pubescence légère et comme pruineuse. *Yeux* noirs; entiers, presque obtriangulaires; séparés du bord postérieur de la tête par un espace égal environ à la moitié de leur diamètre; séparés entre eux sur le front par un espace à peine plus grand que la moitié de la largeur de celle-ci. *Antennes* insérées au devant des yeux, et plus en dedans que le bord interne de ceux-ci; à peine prolongées au delà de la moitié du corps; brièvement pubescentes; d'un roux testacé, souvent nébuleuses dans leur milieu ; grossissant un peu vers l'extrémité : à 1er article épais : le 2e parfois faiblement moins grand que le 3e : les 5e à 10 presque égaux, obconiques : les 8e à 10e à peine plus courts : le 11e ovoïdo-conique, de moitié au moins plus long que le précédent. *Prothorax* tantôt accolée contre la tête; tantôt un peu séparé d'elle, tronqué en devant et à peu près aussi large que la tête ; subparallèle sur la moitié antérieure de ses côtés; faiblement rétréci et un peu tranchant sur la seconde; à angles postérieurs assez vifs et faiblement plus ouverts que l'angle droit; tronqué ou faiblement arqué en arrière et sans rebord ; souvent un peu entaillé au devant de l'écusson; aussi large que long ; densement et assez finement ponctué; d'un brun de poix ou parfois d'un brun fauve ; garni d'une pubescence fine et comme pruineuse ; marqué, au moins sur la seconde moitié de sa ligne médiane, d'un sillon peu profond et parfois obsolète. *Ecusson* d'un roux testacé, en triangle tronqué plus large à la base que long sur sa ligne médiane. *Elytres* graduellement et sensiblement élargies vers la moitié de leur longueur; arrondies postérieurement, prises ensemble; des deux tiers ou des trois quarts plus longues que larges réunies ; médiocrement convexes sur le dos, convexement déclives sur les côtés, creusées d'une fossette humérale peu profonde ; moins finement et moins densement pointillées que le prothorax ; garnies d'une pubescence grisâtre fine et comme pruineuse ; d'un roux testacé ; ordinairement parées sur les côtés d'une sorte de bande longitudinale brune, naissant après l'épaule et prolongée jusqu'aux deux tiers ou presque jusqu'à l'extrémité, en se rapprochant du bord externe : cette bande, parfois nulle. *Dessous du corps* brun ou d'un brun roussâtre. Pieds d'un roux testacé. Cuisses postérieures d'un brun de poix.

Cette espèce paraît être principalement méridionale. Elle a été prise par nous près de Marseille ; dans les environs de Perpignan, par divers naturalistes, et dans les Landes, dans les vieux toits de chaume, par M. Perris.

Obs. Elle se distingue facilement du *X. punctiger* par sa pubescence, par sa couleur, par sa tête visiblement ponctuée, etc. ; des *flaveolus* et *neglectus* par son prothorax non creusé au devant de la base d'un sillon transversal, souvent divisé en deux fossettes transverses ; par ses cuisses postérieures brunes, etc.

Elle s'éloigne des *X. nigrinus* et *sanguinolentus* par sa couleur ; par des yeux sans échancrure sensible, plus largement séparés l'un de l'autre ; par ses antennes insérées plus près de la ligne médiane que le bord interne des yeux.

Ce dernier caractère ne permet pas de la confondre avec les *X. pygmaeus* et *populneus*, dont les yeux d'ailleurs atteignent ou à peu près le bord postérieur des yeux.

3. **Xylophilus flaveolus** ; Mulsant et Rey.

Dessous du corps brièvement pubescent ; entièrement d'un flave testacé, avec les yeux noirs : ceux-ci entiers, obliquement transverses, de moitié plus larges que longs, séparés du bord postérieur de la tête par un espace presque égal à la moitié de leur diamètre longitudinal. Tête à peine pointillée. Prothorax un peu plus long que large, rétréci en devant, sinué vers la moitié de ses côtés, creusé au devant de la base de deux fossettes transverses et d'une dépression obliquement longitudinale naissant de chaque épaule et prolongée jusqu'à la moitié. Ecusson en triangle tronqué, plus long que large. Elytres finement ponctuées.

Long. 0m,0028 (1 l. 1/4). — Larg. 0m,0008 (2/5).

Corps oblong; très-brièvement pubescent en dessus; entièrement d'un flave testacé, avec les yeux noirs. *Tête* séparée du prothorax par une sorte de cou; convexe; à peine pointillée. *Yeux* obliquement transverses; de moitié plus larges que longs; entiers, séparés du bord postérieur de la tête par un espace à peu près égal à la moitié de leur diamètre longitudinal. *Antennes* insérées au devant des yeux, plus avant que leurs angles antéro-internes, moins avant que leur angle antéro-externe; plus en dedans que le côté interne des yeux. *Prothorax* tronqué en devant; un peu plus long que large; rétréci en devant; offrant vers le tiers de sa longueur une dilatation anguleuse, montrant dans ce point sa plus grande largeur, entaillé ensuite vers la moitié de sa longueur, un peu moins large ensuite que vers le tiers; faiblement arqué en arrière à la base; médiocrement convexe; finement pointillé; creusé d'une dépression obliquement longitudinale, naissant de chaque épaule, prolongée jusqu'à la moitié de sa longueur, en se rapprochant de la ligne médiane; creusé au devant de sa base de deux grosses fossettes un peu moins longues que larges, séparées sur la ligne médiane par une faible carène. *Écusson* en triangle tronqué postérieurement; plus long sur la ligne médiane que large à la base. *Elytres* débordant la base du prothorax du tiers environ de la largeur de chacune; faiblement élargies jusque ou à peu près la moitié de leur longueur; arrondies postérieurement, prises ensemble; des trois quarts plus longues que larges réunies; médiocrement convexes sur le dos; marquées d'une fossette humérale peu profonde; sans autre dépression, ou à peine déprimées transversalement vers le cinquième de leur longueur; assez finement ponctuées. *Dessous du corps* marqué de points assez gros sur les parties pectorales; plus finement et plus obsolétement ponctué sur le ventre; entièrement d'un flave testacé, ainsi que les pieds.

Cette espèce a été prise, par l'un de nous, en mars, sous des écorces d'accacias, dans les environs de Lyon. Les antennes ont été brisées, avant la description ci-dessus.

Obs. Elle s'éloigne de toutes les espèces de ce sous-genre par sa couleur, par la longueur de son prothorax, par ses dépressions plus prononcées, par la forme des côtés du même segment ; par son écusson plus long que large, etc.

Cet insecte se rapporterait-il au *X. testaceus*, inconnu de nous, de Kolanati ? Sa couleur d'un flave testacé serait-elle naturelle ? ou ne serait-elle qu'une teinte due au défaut de développement de la matière colorante ? ne serait-il enfin qu'un individu déformé, par suite de son état immaturé, de l'espèce suivante ?

4. **Xylophilus neglectus**; JACQUELIN DU VAL, AUBÉ.

Yeux noirs, entiers, obliquement transverses, de moitié plus larges que longs, séparés du bord postérieur de la tête par un espace presque égal à la moitié de leur diamètre longitudinal. Tête testacée, presque glabre, à peine pointillée. Prothorax peu pubescent ; pointillé ; à peine aussi long que large, presque carré ; creusé au devant de la base d'un sillon transversal, souvent réduit à deux fossettes ; marqué d'une faible dépression naissant de l'épaule et peu prolongée. Ecusson en triangle tronqué, aussi long que large. Elytres pubescentes, finement ponctuées ; d'un noir ardoisé, avec les épaules et la partie postérieure, testacées. Antépectus et pieds testacés. Médi, postpectus et ventre d'un noir ou brun ardoisé.

♂ Yeux un peu moins distants l'un de l'autre. Prothorax un peu plus long. Elytres plus parallèles, plus sensiblement un peu comprimées sur les côtés, offrant ordinairement plus marquée l'impression transverse située au cinquième de leur longueur et montrant souvent leurs parties testacées plus restreintes par la couleur noire.

Xylophilus neglectus. JACQUELIN DU VAL, Gener. de Col. d'Eur. vol. III. pl. 85. fig. 421. — AUBÉ, in GRENIER, Catal. d. Coléopt. de Fr., p. 92.

Long. 0m,0016 à 0m,0018 (3/4 à 4/5 l.). — Larg. 0m,0007 (1/3 l.).

Corps oblong. *Tête* séparée du prothorax par une sorte de cou; convexe; très-finement pointillée; testacée ou d'un fauve testacé, parfois avec le vertex brunâtre. *Palpes* testacés. *Yeux* noirs, entiers, obliquement transverses, de moitié plus larges que longs; à peine écointés; séparés du bord postérieur de la tête par un espace à peu près égal à la moitié de leur diamètre longitudinal. *Antennes* insérées plus avant que l'angle antéro-interne des yeux, moins avant que leur angle antéro-externe, plus en dedans que le bord interne des yeux; prolongées jusqu'aux deux tiers (♂) ou aux trois cinquièmes (♀) de la longueur du corps; peu pubescentes; testacées; assez grêles à la base, grossissant un peu vers l'extrémité; à 2e article petit, subglobuleux : les 3e à 6e filiformes, une fois plus longs que larges : les 7e à 10e subtriangulaires; le 1er ovoïdo-conique, de moitié plus long que le 10e. *Prothorax* tronqué en devant et laissant un peu apparaître le cou qui l'unit à la tête; à peine arqué sur les côtés, c'est-à-dire élargi presque jusqu'au tiers, et rétréci des trois quarts aux angles postérieurs, qui sont assez vifs et un peu plus ouverts que l'angle droit; tranchant sur la moitié postérieure de ses côtés; tronqué ou à peine arqué en arrière et sans rebord à la base; à peine plus large que long; médiocrement ou peu fortement convexe; creusé au-devant de la base d'un sillon transversal médiocrement profond, et réduit parfois à deux fossettes transverses, parfois séparées par une carène faible et obtuse; habituellement creusé aux angles antérieurs d'une petite fossette ou d'un court sillon obliquement dirigé en arrière, sillon, quand il est bien prononcé, qui fait paraître le prothorax comme tuberculeux au tiers de la longueur de ses côtés; d'un roux testacé ou d'un flave testacé; brièvement pubescent; très-finement ponctué. *Ecusson* d'un flave testacé; en triangle tronqué postérieurement, et aussi long sur la ligne médiane que large à sa base. *Elytres* subarrondies et un peu plus avancées aux épaules; faiblement élargies en ligne droite jusqu'aux quatre septièmes ou deux tiers de leur longueur, arrondies postérieurement, prises ensemble; de deux tiers au moins plus longues que larges, réunies; médiocrement convexes sur le dos, subcomprimées et très-déclives sur les côtés; offrant ordinairement sur ceux-ci un sillon longitudinal naissant en dehors de l'épaule et plus ou moins prononcé; habituellement notées vers le cinquième de leur longueur d'une dépression commune, en arc dirigé en arrière, mais obsolète sur la suture; marquées de points rapprochés notablement moins petits et plus apparents que ceux du prothorax, finement pubescentes; d'un noir ardoisé ou plombé, avec les épaules et la partie postérieure testacées ou d'un roux testacé : les parties tertiaires peu nettement limitées et d'une étendue variable. *Dessous du corps* testacé sur la partie inférieure de la tête et sur l'antépectus, d'un noir ardoisé ou plombé sur les autres régions pectorales et sur le ventre. *Pieds* testacés ou d'un roux flave.

Cette espèce n'est pas très-rare dans la plupart des provinces du centre et du midi de la France; elle paraît peu commune dans les environs de Paris et surtout plus au nord. On la trouve sous les arbres, parmi les tas de bois entassés dans les forêts, en battant les lierres, les fagots, les toits de chaume, etc.

Obs. Elle se distingue facilement des *X. populneus*, *pygmaeus*, *nigrinus*, et *sanguinolentus* par la forme de ses yeux en parallelogramme obliquement transverse, sans échancrure sensible; par ses antennes insérées plus près de la ligne médiane que le point du bord interne des yeux le plus rapproché de cette ligne, etc.; des *X. punctiger*, *pruinosus* et *flaveolus*, par la couleur de ses élytres; des deux premières, par son prothorax non creusé d'un sillon ou de fossettes transverses, au devant de sa base; du *punctiger*, par ses élytres pubescentes; du *pruinosus* par ses cuisses testacées.

Le *X. neglectus* offre des variations plus ou moins sensibles. Ainsi, la tête passe du testacé au rouge testacé, au fauve nébuleux, ou se montre même obscure sur son vertex. Le prothorax offre aux angles de devant une dépression obliquement longitudinale, parfois obsolète, d'autres fois très-visible et faisant alors relever en bosse et rendant ses côtés plus ou moins sensiblement anguleux vers le tiers de leur longueur; son sillon transversal situé au devant de la base est parfois réduit à deux fossettes transverses, séparées par une faible carène. La couleur de ses élytres varie d'étendue et d'intensité; la dépression située au cinquième de leur longueur se montre plus ou moins prononcée; leur compression latérale est souvent faible.

Cet insecte porte dans beaucoup de collections le non de *X. nigripennis*, VILLA (Coleop. Europ. alter. suppl. p. 63.); et c'est probablement cet insecte que J. DU VAL a indiqué dans son *Genera* (t. III. p. 376), tandis qu'il l'a représenté (pl. 85. n° 481), sous le nom de *neglectus*.

Suivant M. le docteur Aubé, possesseur d'un exemplaire typique du *X. nigripennis* du naturaliste milanais, ce dernier insecte différerait du *X. neglectus* (dont il a donné la description dans le catalogue de M. Grenier) par sa tête noirâtre; par son prothorax un peu plus long, étranglé un peu avant sa base, et offrant en avant un autre étranglement plus faible; de plus, ajoute M. Aubé, la partie la plus large de ce segment, placée au tiers est assez étroite, et présente de chaque côté un tubercule arrondi; à la base existent deux fossettes longitudinales profondes et séparées par une carène mousse. Les élytres sont un peu plus longues que chez le *neglectus*, plus parallèles, moins convexes, moins pubescentes, à peine testacées aux épaules et en arrière.

Malgré ces différences signalées par un observateur aussi habile que M. Aubé et pour lequel nous sommes plein d'estime, il n'est peut-être pas encore parfaitement démontré que les *X. neglectus* et *nigripennis* ne soient une même espèce.

Chez les exemplaires ♂ du *X. neglectus* que nous avons eu sous les yeux, le prothorax semble plus long; les élytres plus parallèles, moins convexes et plus brièvement testacées aux épaules et en arrière, que chez la ♀. Quant au prothorax, sa forme se modifie sensiblement suivant les conditions sous lesquelles l'insecte passe de l'état de nymphe à celui d'insecte parfait. Quand les fossettes naissant des épaules sont peu marquées, les côtés du prothorax sont presque droits. Quand, au contraire, elles sont prononcées, elles font développer vers le tiers des bords latéraux une saillie anguleuse, qui semble chargée d'un tubercule, par suite de la dépression que forme la fossette. Relativement au sillon basilaire, il est souvent réduit à deux fossettes séparées par une carène, et ces fossettes, en se rétrécissant, peuvent, de transversales devenir longitudinales.

Sur des insectes d'une taille aussi petite que celle des Xylophiles en général, la dessiccation plus ou moins rapide de l'enveloppe tégumentaire peut opérer des modifications très-sensibles dans la configuration de certaines parties du corps, et peut-être notre *X. flaveolus* n'est-il qu'un exemple singulier des variations qui peuvent être produites.

Ces modifications que nous avons signalées, n'avaient peut-être pas échappé à l'œil perspicace de J. Du Val, et feraient croire qu'après avoir reconnu que son *X. neglectus* était le même que le *X. nigripennis* de Villa, il n'avait plus parlé du premier dans son texte.

II Antennes non dentées ; à 3e article notablement plus long que le 2e, parallèle (♂) ou subparallèle (♀) ; insérées moins près de la ligne médiane du front que le point du bord interne des yeux le plus rapproché de cette ligne. Yeux échancrés et séparés entre eux, vers la base des antennes par un espace égal à la moitié (♀) ou à peine au tiers (♂) de la largeur de la tête (S.-G. *Anidorus*).

α 3e article des antennes du (♂), parallèle, trois fois aussi long que large. Prothorax noir. — *Nigrinus.*

αα 3e article des antennes du (♂) épaissi, parallèle, une fois plus long que large. Prothorax d'un rouge obscur. — *Sanguinolentus.*

5. Xylophilus nigrinus; Germar.

Yeux gros, échancrés, éloignés du bord postérieur de la tête. Antennes noires, avec les trois premiers articles d'un rouge testacé. Dessus du corps noir ou d'un noir de poix, et parfois avec les parties de la bouche d'un rouge foncé; pubescent; plus densement ponctué, surtout sur les élytres. Prothorax presque carré. Pieds testacés. Cuisses intermédiaires et postérieures noires. Tibias parfois obscurs.

♂ Yeux séparés l'un de l'autre, dans leur point le plus rapproché, par un espace presque égal au tiers de la largeur de la tête. Front chargé d'une petite carène entre les antennes. Antennes prolongées jusqu'aux trois cinquièmes ou deux tiers du corps; à 3e article épaissi, trois fois aussi long que le 2e. Elytres déprimées sur le dos, au moins jusqu'à la moitié de leur longueur, comprimées sur les côtés après les épaules et plus finement ponctuées que sur le dos.

♀ Yeux séparés entre eux par un espace égal environ à la moitié de la largeur de la tête. Front sans carène. Antennes prolongées à peine jusqu'à la moitié de la longueur du corps : à 3e article, non épaissi, deux fois aussi long que le 2e. Elytres régulièrement et médiocrement convexes sur le dos; uniformément ponctuées, non comprimées sur les côtés.

Xylophilus nigrinus. GERM., Faun. insect. Eur. XXII. 7. (♂) et 8 (♀). — L. REDTENB., Faun. Austr. 2e édit. p. 642. — BACH, Kaeferf. t. III. p. 289. 3.
Xylophilus dispar (MAERKEL).

Long. 0m,0016 à 0m,0022 (3/4 l. à 1 l.). — Larg. 0m,0007 à 0m,0009 (1/3 l. à 2/5 l.).

♂ *Corps* oblong ou suballongé, subparallèle. *Tête* convexe; légèrement et brièvement pubescente; chargée d'une petite carène sur la partie du front comprise entre la base des antennes; densement ponctuée sur le reste; noire, avec les parties de la bouche et les palpes maxillaires testacés. *Yeux* noirs, assez gros; échancrés à leur partie interne antérieure; séparés, dans leur point le plus rapproché, par un espace égal presque au tiers de la largeur de la tête. *Antennes* insérées dans l'échancrure des yeux, moins avant que la partie antéro-externe de cette échancrure; prolongées environ jusqu'aux deux tiers du corps; brièvement pubescentes; noires, avec les trois premiers articles fauves ou d'un fauve testacé : le 2e, court, subglobuleux; le 3e, parallèle, épaissi, trois fois aussi long que le 2e : le 4e, ordinairement plus court que le suivant : les 5e à 11e grossissant graduellement un peu : les 5e à 10e peu élargis de la base au sommet : le 10e, ordinairement moins long, que large : le 11e ovoïdo-conique, de moitié plus long que le 10e. *Prothorax* subparallèle ou à peine rétréci jusqu'aux angles postérieurs; un peu tranchant sur la seconde moitié de ses côtés; à angles postérieurs assez vifs, presque rectangulaires ou peu ouverts; tronqué ou faiblement arqué en arrière et légèrement rebordé à la base; peu ou point creusé, au-devant de ce rebord, d'un sillon obsolète; environ aussi long que large; médiocrement convexe sur le dos;

marqué de points assez gros et rapprochés; légèrement et brièvement pubescent; ordinairement noir ou d'un noir de poix, parfois d'un rouge fauve ou obscur. *Ecusson* triangulaire; ponctué; noir ou d'un noir de poix. *Elytres* émoussées aux épaules; parallèles jusqu'aux trois quarts, arrondies, prises ensemble, à l'extrémité; chargées chacune d'une arête longitudinale obtuse, naissant de l'épaule ou du côté interne de celle-ci; déclives et comprimées après l'épaule, en dehors de celle-ci, c'est-à-dire sur les côtés; déprimées ou subcanaliculées chacune longitudinalement sur le dos, au moins jusqu'à la moitié de leur longueur, entre cette arête et la suture, subconvexes postérieurement, avec le tiers postérieur muni d'un rebord sutural; au moins aussi grossièrement ponctuées sur le dos que le prothorax, plus finement et plus densement sur la partie latérale comprimée; parcimonieusement pubescentes; noires ou d'un noir de poix luisant. *Dessous du corps* noir; ponctué; peu pubescent. *Pieds* testacés ou d'un roux testacé livide ou nébuleux; cuisses intermédiaires et postérieures d'un brun de poix. *Premier article des Tarses postérieures* de moitié environ plus long que les trois suivants réunis.

♀ *Corps* oblong. *Tête* plane sur le front entre la base des antennes. *Yeux* séparés entre eux par un espace égal à la moitié de la largeur de la tête. *Antennes* prolongées à peine jusqu'aux trois cinquièmes du corps; à 3e article subparallèle, non épaissi, deux fois ou deux fois et demie aussi long que le 2e. *Prothorax* plus sensiblement convexe, peu ou pas tranchant sur les côtés; presque aussi long que large. *Elytres* graduellement et assez faiblement élargies jusques vers la moitié du corps; régulièrement et médiocrement, ou peu fortement convexes sur le dos, convexement déclives sur les côtés, non comprimées après l'épaule; uniformément marquées d'assez gros points donnant, comme chez le ♂, naissance à un poil fin, couché, d'un fauve livide obscur. *Premier article des Tarses postérieurs* grêle et presque droit.

Cette espèce habite diverses zones de notre pays : on la trouve dans les Alpes, le Bugey, etc. M. Godart l'a reçue de M. Raymond, des environs de Saint-Raphaël.

Obs. Cette espèce offre des variations de diverses sortes suivant les individus : le prothorax est tronqué en devant ou si complètement accolé contre la tête qu'il paraît tronqué et aussi large que celle-ci; chez d'autres, il est visiblement rétréci d'arrière en avant et plus étroit que la tête à son bord antérieur. Sa couleur, ordinairement noire ou d'un noir de poix, se montre parfois en partie rougeâtre, surtout vers la base.

Le *X. nigrinus* varie en outre sous le rapport de la coloration des pieds. Ordinairement ils sont tous testacés, avec les cuisses intermédiaires et postérieures noires. Chez les variétés par défaut, les cuisses intermédiaires sont en partie testacées. Quand au contraire la matière noire a été plus abondante, toutes les cuisses sont noires, et les tibias postérieurs, et parfois même les intermédiaires sont bruns ou brunâtres.

Le *X. nigrinus* s'éloigne des *X. pygmaeus* et *populneus*, par ses yeux éloignés du bord postérieur de la tête, et des espèces précédentes par ses yeux échancrés et ses antennes insérées moins près de la ligne médiane du front que le bord interne des yeux.

6. **Xylophilus sanguinolentus**; KIESENWETTER.

Yeux assez gros, échancrés, eloignés du bord postérieur de la tête. Antennes noires, avec le 2e article ovalaire, d'un rouge testacé. Dessus du corps noir ou d'un noir de poix, avec le prothorax et souvent les parties de la bouche d'un rouge foncé; pubescent; plus fortement ponctué sur les élytres, prothorax presque carré. Pieds testacés; cuisses intermédiaires et postérieures noires.

♂ 3e article des antennes épaissi, parallèle, déprimé et longitudinalement sillonnné en dessus, une fois plus long que large.

♀ Comme chez le *nigrinus.*

Xylophilus sanguinolentus. KIESENW. Berlin. Entom. Zeitsch. t. V (1861). p. 241.

Long. 0m,0016 à 0m,0022 (3/4 à 1 l.).

Obs. Le *X. sanguinolentus* a tant d'analogie avec le *nigrinus* sous le rapport de l'identité de forme chez les deux sexes, qu'on est à se demander s'il doit constituer une espèce particulière. La différence capitale réside dans la forme du 3e article des antennes du ♂. Chez le *nigrinus*, cet article est trois fois aussi long que large, parallèle ou plutôt légèrement en courbe rentrante à son côté interne : chez le *sanguinolentus* cet article a en partie gagné en largeur ce qu'il a perdu en longueur, il est seulement une fois plus large que long, et notablement plus large que dans l'espèce précédente. Cet article est noir ainsi que 1er, dans le *sanguinolentus* et ordinairement d'un rouge testacé, comme les deux précédents, dans le *nigrinus*; mais nous avons vu des exemplaires chez lesquels ce 3e article était d'un rouge obscur ou brunâtre. Le prothorax est d'un rouge foncé ou obscur vers le *sanguinolentus*, et ordinairement noir chez le *nigrinus*; mais on trouve chez ce dernier des exemplaires ayant le prothorax en partie rougeâtre.

M. de Kiesenwetter ajoute encore comme caractères propres à faire distinguer le *sanguinolentus* du *nigrinus*, une forme plus étroite, une ponctuation plus serrée, une couleur moins luisante, le premier article postérieur des tarses un peu plus épais et plus arqué.

La forme et la couleur du 3e article des antennes du ♂, si ces caractères sont constants, et la couleur du prothorax, qui paraît n'être jamais d'un rouge aussi franc, chez les variétés du *X. nigrinus*, nous semblent seules, jusqu'à ce jour, caractéristiques de cette espèce.

Le *X. sanguinolentus* se trouve, comme le *nigrinus*, dans le midi de la France. Nous l'avons pris à Hyères.

Peut-être faut-il placer dans ce groupe l'espèce suivante qui nous est inconnue.

Xylophilus rufficolis; Rossi.

Yeux convexes, très-séparés l'un de l'autre, éloignés du bord postérieur de la tête. Antennes prolongées jusqu'à la moitié du corps; ferrugineuses, plus obscures vers l'extrémité; à 3e article une fois plus grand que le 2e, de moitié plus long que le 1er. Dessus du corps garni d'une pubescence légère et blanchâtre. Tête et prothorax d'un roux ferrugineux; finement pointillés : le second rétréci vers le milieu de ses côtés, subtubercu-

leux vers le tiers de ceux-ci; plus long que large. Elytres d'un noir de poix; assez finement ponctuées. Dessous du corps d'un noir de poix; pieds testacés; cuisses postérieures enfumées.

Notoxus ruficollis. Rossi, Faun. etr. Mant. append. p. 96. 50.
Xylophilus ruficollis. De Kiesenw., Berlin. entom. Zeitsch. t. V. (1861), p. 241.

Long. 0m,0016 à 0m,0018 (2/3 l. à 4/5).

Patrie : l'Italie, l'Ile de Crète.

M. de Kiesenwetter a vu, dans le Muséum de Berlin, un exemplaire typique envoyé à cet établissement par Rossi, et il a donné, de cette espèce peu commune, une description dont nous avons composé la phrase diagnostique précédente.

Obs. Quoique notre savant ami de Bautzen, n'ait pas parlé de l'échancrure des yeux, leur forme convexe laisse supposer qu'ils le sont, et dans ce cas, les antennes sont probablement insérées moins près de la ligne médiane du front que le point de leur bord interne le plus rapproché de cette ligne.

La couleur de la tête paraît varier, car, suivant Rossi, le front est noir.

Entre ce sous-genre et celui d'*Euglenes*, ou entre ce dernier et celui de *Xylophilus*, il faut sans doute placer celui de *Phytobænus*, Sahlberg.

Ce sous-genre paraît se distinguer des Olotèles par ses yeux échancrés; des Anidores et des Euglènes par les 2e à 6e articles de ses antennes serrés presque égaux : les 7e à 10e sont un peu plus épais et plus courts : le 11e ovoïdo-conique. A cette coupe appartient l'espèce suivante que nous n'avons pas vue.

Xylophilus amabilis; Sahlberg.

Dessus du corps d'un brun de poix; pubescent; ponctué. Tête parée entre les yeux d'une tache d'un blanc soyeux. Antennes aussi longues environ que la moitié du corps, d'un rouge testacé ou ferrugineux. Prothorax un peu plus long que large ; un peu arqué sur les côtés ; bissubsinué à la base ; creusé au devant de celle-ci d'un sillon transversal, divisé en deux par une courte carène. Elytres une fois plus longues que larges, réunies ; parées chacune de deux taches blanches ou blanchâtres : l'antérieure presque liée à l'épaule, triangulairement allongée : la postérieure transverse, située après la moitié. Dessous du corps d'un noir de poix garni d'une pubescence blanchâtre. Pieds d'un rouge testacé, avec la moitié au moins des cuisses postérieures, noire : celles-ci, fortes.

Phytobænus amabilis. SAHLBERG (R. F.). Nov. Coléopt. fennic. spec. *in* Bullet. d. Mosc. t. 7 (1834) p. 277.
Xylophilus bimaculatus. HAMPE, Stett. entom. Zeit. 1850. p. 356. 20.

Long. 0m,0022 à 0m,0028 (1 l. à 1 l. 1/4).

Patrie : la Finlande.

Obs. L'insecte est finement ponctué suivant M. Sahlberg, grossièrement suivant M. Hampe. Le premier a peut-être eu sous les yeux une ♀ et le second un ♂, car, dans la description du naturaliste allemand, les yeux sont rapprochés sur le front.

III. Antennes insérées moins près de la ligne médiane du front que le point des yeux le plus rapproché de cette ligne, dentées (♂) ou subdentées (♀) Yeux échancrés; prolongés (♂), ou à peu près (♀), jusqu'au bord postérieure de la tête ; contigus entre eux dans leur point le plus rapproché (♂), ou séparés par un espace à peine égal au tiers de la largeur de la tête (♀) (S.-G. *Euglenes*, WESTWOOD).

7. **Xylophilus pygmæus**; DE GEER

Yeux gros, échancrés, prolongés jusqu'au bord postérieur de la tête (♂) ou à peu près (♀). Antennes testacées, à 3e article une fois plus grand que le 2e. Dessus du corps brièvement pubescent; tête et prothorax ordinairement noirs : le second, parfois testacé, plus étroit que la tête, creusé au devant de sa base d'un sillon transversal, parfois obsolète ou réduit à deux fossettes. Elytres et pieds testacés.

♂ Antennes presque aussi longues que le corps; 4e à 10e articles dentés intérieurement : le 11e subcylindrique, un peu renflé vers l'extrémité, trois fois aussi long que le 10e. Yeux prolongés jusqu'au bord postérieur de la tête; contigus sur le front, dans leur point le plus rapproché.

♀ Antennes prolongées jusqu'aux trois cinquièmes du corps ou à peine un peu plus : 4e à 10e articles subdentés ou obtriangulaires : le 11e ovalaire. Yeux non prolongés tout à fait jusqu'au bord postérieur de la tête; séparés l'un de l'autre, dans leur point le plus rapproché, par un espace égal au quart de la largeur de la tête.

Notoxus melanocephalus. PANZ., Faun. Germ. 35. 5. — OLIV. Encycl. méth. t. VIII. p. 398. 29.
Notoxus fulvus. OLIV., Entom. t. III. n° 51. 4. pl. 1. fig. 5. *a. b.*
Anthicus ferrugineus. PAYK., Faun. suec. t. I. p. 257. 5.
Notoxus populneus. FABR., supp. 1. p. 67.
Lytta nigricollis. MARSH., Entom. brit. p. 487. 6.
Notoxus populneus. FABR., Syst. Eleuth. t. II. p. 292. 19.
Anthicus pygmæus. GYLLENH., ins. suec. t. II. p. 502. 12. ♀.
Anthicus oculatus. GYLLENH., l. c. p. 501. 21. ♀ var. *b.* — SAHLB. Ins. fenn. p. 441. 7. ♀ var. *b.*

Variations (par défaut).

Var. α Dessus du corps d'un testacé ou fauve testacé souvent obscur, plus clair sur les élytres.

Obs. Le dessous du corps est ordinairement aussi d'un testacé plus ou moins obscur.

Anthicus pygmaeus, GYLLENH., ins. suec. t. II. p 501. 12. ♂.

Var. β Tête noire. Prothorax testacé, ou d'un roux ou fauve testacé. Elytres testacées.

Obs. Le dessous du corps est tantôt testacé, tantôt en partie noir.

ETAT NORMAL. Tête et prothorax noirs : élytres testacées.

Obs. Le dessous du corps est parfois en partie fauve ou testacé, plus ordinairement en majeure partie brun ou noir.

Anthicus oculatus. GYLLENH., Ins. suec. t. II. p. 501. 11. ♂ et ♀ var. *c.* — SAHLB., l. c. p. 440. 7. ♂ ♀.

Euglenes oculatus. WESTWOOD, Zoolog. Journ. p. 60. 2. pl. XLI. fig. 5 ♂. fig. 6. ♀.

Xylophilus oculatus. PERRIS., Ann. de la Soc. Lin. de Lyon; 1850-52. p. 189. — L. REDTENB., Faun. austr. 2e édit. p. 635. — BACH, Kaeferf. t. III. p. 882. 2.

Variations (par excès).

Var. γ Dessus du corps brun ou noir, plus foncé sur la tête et sur le prothorax que sur les élytres.

Obs. Le dessous du corps est ordinairement brun ou noir.

Cerambyx pygmaeus. DE GEER, Mem. t. 5. p. 80. 17. pl. 4. fig. 5.

Long. 0^m,0022 (1 l.). — Larg. 0^m,0009 (2/5 l.).

♂ *Corps* oblong; subparallèle. *Tête* convexe; ponctuée sur la partie visible du front et sur le vertex; faiblement luisante; noire, avec les parties de la bouche et les palpes, testacés ou d'un flave testacé. *Yeux* noirs; très-gros et presque contigus sur la partie antérieure du front, postérieurement divergents à leur côté interne. *Antennes* prolongées presque jusqu'à l'extrémité du corps; d'une grosseur presque égale; testacées ou d'un flave testacé; pubescentes; à 2e article court; les 3e à 10e au moins une fois plus longs et sensiblement dentés inférieurement: le 11e subcylindrique, un peu renflé vers l'extrémité, une fois au moins plus long que le 10e. *Prothorax* sensiblement moins large en devant que la tête; un peu arqué en devant pour s'accoler contre l'échancrure de celle-ci: à peine élargi en ligne droite, d'avant en arrière sur les côtés, tranchant au moins sur la seconde moitié de ceux-ci; tronqué ou très-faiblement arqué en arrière et à peine relevé en rebord, à sa base; plus large à celle-ci que long sur son milieu; médiocrement convexe; ponctué; noir; brièvement pubescent; marqué au devant de sa base, d'un sillon transversal, plus ou moins faible ou prononcé, qui fait paraître celle-ci relevée en rebord; parfois creusé près des angles de devant, d'une fossette longitudinale presque obsolète; offrant enfin quelquefois une légère fossette sur le milieu de la ligne médiane. *Écusson* testacé; en triangle un peu plus long que large. *Elytres* débordant en devant la base du prothorax du tiers environ de la largeur de chacune; émoussées aux épaules; subparallèles, arrondies, prises ensemble à l'extrémité; une fois plus longues que larges, réunies; médiocrement convexes sur le dos, convexement déclives sur les côtés; brièvement pubescentes; ponctuées; marquées d'une dépression naissant de l'épaule ou du côté interne de celle-ci et réunie à sa pareille en se courbant vers la suture, aux deux septièmes de leur longueur; testacées, parfois nébuleuses ou obscures sur les côtés et à l'extrémité, ou même d'un testacé brunâtre sur toute leur surface. *Dessous du corps* brièvement pubescent, à peine pointillé; d'un brun de poix, parfois testacé ou d'un testacé brunâtre, au moins sur la poitrine. *Pieds* d'un testacé flave ou livide.

♀ *Yeux* séparés sur le milieu du front par un espace un peu plus large que le labre, égal environ au quart de la largeur de la tête, un peu moins rapprochés entre eux vers la partie antérieure du front. *Antennes* testacées ou d'un roux pâle et testacé; prolongées environ jusqu'aux trois cinquièmes du corps; grossissant un peu de la base à l'extrémité; à 3e article une fois à peine plus grand que le 2e; 4e à 10e obconiques, graduellement mais sensiblement plus longs que larges: le 11e ovalaire, une fois plus long que large. *Élytres* moins parallèles, faiblement plus larges vers la moitié de leur longueur; plus sensiblement convexes; sans dépression naissant de l'épaule ou en offrant à peine les traces; d'un testacé roussâtre. Le reste comme chez le ♂.

Cette espèce se trouve dans les tas de bûches entassées dans les bois, dans les végétaux en décomposition, dans les lierres qui tapissent les vieilles murailles, etc.

Obs. Le ♂ et la ♀ nous offrent des différences si frappantes, sous le rapport de la grosseur et du rapprochement des yeux et sous celui de la longueur et de la forme des antennes, qu'il n'est pas étonnant que les premiers auteurs les aient considérés comme des espèces différentes.

Gyllenhal rapporte à la ♀ de son *Notoxus pygmæus* le *Notoxus melanocephalus* de Panzer. M. Westwood n'adopte pas cette opinion. Si la figure donnée par l'auteur allemand est exacte, la distance à laquelle se trouvent les yeux de l'extrémité de la tête ne permettrait de rapporter cet insecte ni à notre *X. pygmaeus*, ni au *populneus*; mais il est probable que Panzer n'a pas fait attention au caractère que pouvaient fournir les yeux, sous le rapport de leur rapprochement ou de leur éloignement du bord postérieur de la tête.

Le *X. pygmaeus* s'éloigne des espèces précédentes par ses yeux atteignant le bord postérieur de la tête, plus gros et plus rapprochés; et du *X. populneus*, par le 3e article de ses antennes notablement plus grand que le 2e, etc.

La teinte du prothorax varie ordinairement, mais elle passe parfois par défaut de matière colorante, au testacé plus ou moins obscur. Le *N. melanocephalus* de Panzer se rapporte probablement à cette variété.

Près du *X. pygmaeus* doit être, sans dou e, placée l'espèce suivante :

Xylophilus (*Euglenes*) **fennicus.** Mannerheim.

Yeux très-gros, noirs, prolongés ou à peu près jusqu'au bord postérieur de la tête. Antennes testacées; à 2e article court, moniliforme : le 3e au moins une fois plus long. Dessous du corps légèrement pubescent. Tête et prothorax d'un brun de poix, marqués de points moins gros et moins profonds que les élytres : le prothorax creusé, au devant de sa base, d'un sillon transversal arqué en arrière et d'une fossette transverse plus antérieure. Elytres d'un testacé obscur, cinq fois au moins plus longues que le prothorax. Dessous du corps d'un noir de poix. Pieds testacés.

♂ Yeux presque contigus sur le front. Antennes presque aussi longues que le corps; à articles 4 à 10 allongés, un peu en dent de scie.

♀ Yeux médiocres, distants l'un de l'autre. Antennes à peine plus longues que la moitié du corps, à articles obconiques.

Euglenes fennicus. Mannerh. Bullet. de la Soc. des Nat. de Mosc. 1843. p. 98-9.

Long. 0m,0033 (1 l. 1/2).

Patrie : la Finlande.

IV. Troisième article des antennes au moins aussi petit que le 2e. Cuisses postérieures renflées. Yeux échancrés contigus ou à peu près au bord postérieur de la tête (S.-G. *Xylophilus*; Latreille (*Aderus*, Westwood).

8. **Xylophilus populneus**; PANZER.

Yeux gros, noirs, prolongés jusqu'au bord postérieur de la tête ou à peu près, échancrés à leur côté interne. Antennes à 2e article court, moniliforme : le 3e au moins aussi petit. Dessous du corps brièvement pubescent; pointillé sur la tête et le prothorax, finement ponctué sur les élytres. Tête souvent fauve ou obscure : prothorax et élytres blonds ou d'un blond testacé : le prothorax plus étroit que la tête; entaillé au devant de l'écusson, creusé au devant de la base d'un sillon transversal souvent incomplet : les élytres souvent d'une teinte un peu moins claire, ou comme dénudées près de l'écusson et transversalement vers la moitié de leur longueur; creusées chacune d'une dépression aux deux septièmes. Dessous du corps et pieds, d'un blond testacé.

♂ Yeux prolongés jusqu'au bord postérieur de la tête; séparés entre eux, dans leur point le plus rapproché, par un espace presque égal au tiers de la largeur de la tête. Antennes à 4e article renflé, une fois plus long que les deux précédents réunis.

♀ Yeux à peine prolongés jusqu'au bord postérieur de la tête; séparés entre eux dans leur point le plus rapproché, par un espace égal au tiers ou plus de la largeur de la tête. 4e article des antennes graduellement un peu plus large de la base à l'extrémité, à peine plus long que les deux précédents réunis.

Notoxus populneus. PANZ., Faun. Germ. 3. 54 (1796). — OLIV., Encycl. méth. t. VIII. p. 398. 30.

Anthicus populneus. GILLENH., Ins. suec. t. II. p. 500. 16. — DE CASTELN., Hist. nat. t. II. p. 258. 6.

Lytta boleti. MARSH., Entom. brit. p. 486. 6 (suivant l'exemplaire typique passé sous les yeux de Stephens).

Xylophilus populneus. LATR., Fam. du Règn. anim. (1825). p. 383. — Id. Règne anim. de Cuv. (part. entom.). t. II. p. 73.

Aderus boleti. WESTWOOD, Zool. Journ. t. V (1829). p. 58. — STEPH. Nomencl. p. 88. 519.

Aderus populneus. SHUCKARD, Brit. Coleopt. p. 47. 403. pl. 55. fig. 4.
Xylophilus populneus. PERRIS, Mém. de l'Acad. de Lyon. t. II. 1850-52. p. 479. — REDTENB., Faun. aust. 2e édit. p. 635. — DE KIESENWETTER, Berlin. ent. Zeitschr. t. V. (1861), p. 242. — BACH, Kaeferf. t. III. p. 288. 1,

Long. 0m,0018 à 0m,0022 (4/5 à 1 l.). — Larg. 0m,0009 (2/5).

Corps oblong. *Tête* plus large que longue ; convexe ; brusquement perpendiculaire à la partie postérieure ; finement ponctuée ; fauve ou parfois obscure, garnie d'une fine pubescence blonde. *Partie de la bouche* et *palpes* testacés. *Yeux* noirs, gros ; séparés dans leur point le plus rapproché, par un espace un peu moins grand (♂), ou à peine plus grand (♀) que le tiers de la largeur de la tête. *Antennes* testacées ; pubescentes ; insérées dans l'échancrure des yeux, moins avant que la partie la plus avancée de ces dernières ; prolongées environ jusqu'à la moitié du corps (♀) ou à peine plus longuement (♂) ; grossissant un peu vers l'extrémité ; à 2e article petit, subglobuleux : le 3e presque plus petit que le 2e : le 4e plus long que large, plus grand que le 5e : les 5e à 10e au moins aussi longs (♂) ou moins longs (♀) que larges : le 11 ovoïdo-conique. *Prothorax* à peu près aussi large en devant que le front vers le bord interne postérieur des yeux ; élargi en ligne obliquement longitudinale jusqu'au quart de sa longueur, un peu plus large dans ce point que la tête, puis subparallèle ou à peine rétréci en ligne droite, et tranchant sur les côtés jusqu'aux angles postérieurs : ceux-ci rectangulairement ouverts et assez vifs ; tronqué ou à peine arqué en arrière, et peu distinctement denté ou bilobé en arrière, de chaque côté de l'écusson, à la base ; convexe ; creusé d'une fossette longitudinale plus ou moins marquée, naissant de chaque angle antérieur et prolongée jusqu'au quart ou un peu plus ; marqué au devant du bord postérieur qui n'est pas sensiblement relevé, d'un sillon transversal léger, réduit souvent à deux légères fossettes transverses subobsolètes, de chaque côté de la ligne médiane ; testacé ; pointillé ; finement pubescent. *Ecusson* petit ; triangulaire ; testacé. *Elytres* débordant la base du prothorax d'un tiers environ de la largeur de chacune ; émoussées aux épaules ; graduellement un peu plus larges vers la moitié de leur longueur ; obtusément arrondies à l'extrémité, prises ensemble; de deux tiers à peine plus longues que larges, prises ensemble; médiocrement convexes sur le dos; chargées chacune d'une arête naissant des épaules qui sont un peu saillantes, et prolongées longitudinalement en obliquant un peu en dedans, jusqu'aux deux tiers environ de leur longueur; marquées d'une fossette postscutellaire; creusées chacune d'une dépression naissant d'une fossette humérale assez marquée, et formant un demi-cercle avec sa pareille, en se réunissant à celle-ci vers les deux septièmes de leur longueur : cette dépression plus profonde sur le disque de chaque élytre, plus obsolète sur ses autres points et surtout sur la suture; comprimées sur les côtés, en dehors de l'arête, et d'une manière plus sensible chez le (♂) que chez la (♀); très-finement ponctuées; brièvement pubescentes; blondes ou d'un blond testacé, offrant souvent une tache scutellaire et une bande transversale vers la moitié de leur longueur, moins claires, testacées ou d'un testacé nébuleux. *Dessous du corps* testacé ou d'un testacé rougeâtre; finement ponctué; brièvement pubescent : ventre souvent noir ou noirâtre sur sa partie postérieure ou en totalité. *Pieds* testacés ou d'un flave rouge. *Cuisses* postérieures plus épaisses, arquées à leur tranche antérieure.

Cette espèce se trouve sous les écorces, dans les tas de bois coupés, dans les toits de chaume, etc., elle n'est pas rare dans la plupart des provinces de la France.

Obs. Elle se distingue facilement de toutes les autres par le 3e article de ses antennes un peu plus petit, ou au moins aussi petit que le 2e, et par des cuisses postérieures renflées. Elle s'éloigne d'ailleurs des *X. nigripennis*, *pruinosus* et *nigrinus* par ses yeux prolongés en arrière jusqu'au bord postérieur de la tête, et du *X. pigmaeus* par la couleur de sa tête et de quelques autres parties.

Entre les Xyphilides et les Anthicides se place naturellement le groupe des PÉDILIDES.

Les insectes qui le composent se distinguent des premiers par leur tête séparée du prothorax, par un cou très-distinct; des seconds, par la forme de leurs antennes; des uns et des autres par leurs élytres parallèles, plus de deux fois aussi longues que larges réunies; par le dernier article de leurs palpes maxillaires ovalaire ou d'une forme rapprochée; par leurs hanches postérieures faiblement séparées par la courte saillie de la partie antéro-médiaire du premier arceau ventral.

Les PÉDILIDES se partagent en deux familles, les PÉDILIENS et les STÉROPIENS, réduites chacune à un seul genre.

Genre *Pedilus*, PEDILE ; Fischer.

Fischer de Waldheim, Entom. d. l. Rus. t. I. (1820-22. p. 35).

CARACTÈRES. *Antennes* presque filiformes ou faiblement dentées ; de 11 articles : les 4e à 10e subcomprimés, obtriangulaires, presque égaux. *Yeux* médiocres ; visiblement échancrés en devant. *Tête* séparée du prothorax par un cou épais. *Prothorax* faiblement rétréci près de sa base. *Cuisses* subfusiformes. *Tarses* à pénultième article subbilobé, sillonné en dessus.

A ce genre se rapporte les espèces suivantes :

1. **Pedilus fuscus**; FISCHER.

Allongé ; d'un brun noir en dessus. Tête rugueuse. Yeux échancrés. Antennes velues. Prothorax rétréci vers la base ; rebordé à celle-ci ; pointillé ; Elytres parallèles, pointillées ; garnies d'une pubescence d'un cendré grisâtre. Dessous du corps d'un brun de poix, avec le dernier arceau de l'abdomen d'un roux testacé. Pieds bruns. Tibias et tarses un peu moins obscurs.

Pedilus fuscus. FISCHER DE WALDHEIM, Entom. de la Russie. t. I (1820-22). p. 35. pl. V. 23. — JACQ. DU VAL, Gen. t. III. p. 365.

Long. 0m,0067 (3 l.). — Larg. 0m,0022 (1 l.).

Patrie : la Sibérie.

2. **Pedilus rufipes**; MOTSCHULSKY.

Un peu plus grand et plus large que le P. fuscus; mais ayant les antennes, les palpes et les pieds d'un roux testacé.

Pedilus fulvipes. MOTSCH., Bullet. de Mosc. 1845. p. 82. 239.
Pedilus rufipes. MOTSCH., Etud. entom. t. VII. 1850. p. 190. — J. DU VAL. Gen. t. III. p. 365.

Patrie : les steppes des Kirguises.

3. **Pedilus rubricolis**; MOTSCHULSKY.

Allongé, subparallèle, subconvexe, brillant, garni de poils épars; noir. Prothorax subtransverse, arrondi, roux, presque glabre : base des antennes, palpes, extrémité de l'abdomen et pieds, d'un roux testacé. Elytres couvertes de points grossies et confluents.

Pedilus rubricollis. MOTSCH. Etud. entom. t. VII (1858). p. 190. — J. DU VAL, Gen. t. III. p. 345.

Long. 0m,0058 (2 l. 1/2). — Larg. 0m,0022 (1 l.).

Patrie : les environs d'Isium, gouvernement de Karcov, dans la Russie méridionale d'Europe.

Genre *Steropes*, STÉROPE; Stéven.

Stéven. Mémoires de la Soc. d. natur. de Moscou t. I (1806). p. 166.

CARACTÈRES. *Antennes* presque de même grosseur; de **11** articles :

les 3e à 8e courts, petits ou moniliformes : les 9e à 11e allongés, un peu plus larges (♀) ou près de trois fois aussi longs (♂) que tous les précédents réunis. *Yeux* gros, assez faiblement échancrés en devant. *Tête* séparée du prothorax par un cou étroit. *Prothorax* muni en devant d'une sorte de goulot court, dans le lequel s'engage le cou ; sensiblement rétréci près de sa base. *Cuisses* fusiformes. *Tarses* à pénultième article subbilobé, sillonné en dessus.

L'espèce suivante est la seule connue jusqu'à ce jour.

1. **Steropes caspius** ; Stéven.

Allongé ; médiocrement convexe, très-finement ponctué et recouvert en dessus d'une pubescence soyeuse et luisante. Prothorax et élytres ordinairement d'un roux testacé. Tête, yeux et majeure partie au moins du ventre, noirs : partie de la bouche, antennes, poitrine et pieds testacés ou d'un roux fauve.

♂ Antennes plus longues, offrant leurs trois derniers articles, pris ensemble, près de trois fois aussi longs que tous les précédents réunis.

♀ Antennes moins longues, offrant leur trois derniers articles, pris ensemble, à peine plus longs que tous les précédents réunis.

Steropes caspius. Stéven, Mém. de la Soc. des Nat. de Moscou, t. 1 (1806). p. 166. 10. pl. 10. fig. 9. 10. — Schoenh., Syn. ins. t. II. p. 54. 1. — Laferté, Monogr. des Anth. p. 9. pl. nº 19. fig. 1 à 16. — L. Redtenb., Faun. aust. 2e édit. p. 636. — Lacord., Gener. t. V. p. 581. — J. Du Val. Gener. t. III. p. 365. pl. LXXXIII. fig. 112 (♂).

Anobium colon (Boeber).

Balstanus colon. Illig., Mag. t. VI (1807). p. 324.

Long. 0m,0051 à 0m,0070 (2 l. 1/4 à 3 l. 1/8). — Larg. 0m,0018 à 0m,0022 (4/5 à 1 l.).

Patrie : les bords de la mer Caspienne.

Obs. Cette espèce offre des variations dans sa couleur. Ses élytres sont quelquefois brunes, mais paraissent d'un gris plus ou moins foncé sous le duvet plus épais et d'un brillant presque argenté dont elles sont revêtues. Le prothorax est alors d'un roux testacé plus foncé, et la base nébuleuse (var. B.).

Les élytres du ♂ offrent souvent, près du bord latéral, vers le quart ou un peu plus de leur longueur, une petite tache d'un noir velouté.

DEUXIÈME GROUPE.

LES ANTHICIDES.

Caractères. *Tête* verticalement ou presque subperpendiculairement déclive; arrondie ou tronquée à sa partie postérieure; visiblement séparée du prothorax par une sorte de cou, ou par l'espèce de goulot dans lequel il est reçu. *Antennes* insérées près de la partie antéro-interne des yeux, sur les côtés de la partie postépistomale du front, soit à découvert, soit peu voilées à leur base; subfiliformes ou grossissant plus ou moins sensiblement vers leur extrémité; de 11 articles : les 4e à 10e peu inégaux en longueur. *Yeux* entiers ou à peu près, petits ou médiocres; situés sur les côtés de la tête. *Prothorax* offrant à sa partie antérieure une gaîne courte ou *goulot*, dans lequel le cou est reçu; sans arête ou tranchant sur les côtés, servant à séparer le dos des flancs. *Ecusson* apparent. *Elytres* débordant la base du prothorax du tiers au moins de la largeur de chacune; ordinairement oblongues ou subovalaires; à repli extérieur, tranchant à peu près sur toute sa longueur. *Hanches antérieures* allongées, coniques, contiguës : les *intermédiaires* contiguës, subparallèles, séparées par le mésosternum : les *postérieures* un peu obliquement transverses, séparées par la partie antéro-médiane et avancée du premier arceau ventral; marquées d'un sillon ou d'une dépression plus ou moins sensible, pour recevoir la cuisse dans l'état de flexion. *Cuisses* peu renflées. *Tibias* simples. *Eperons* courts. *Tarses antérieurs* et *intermédiaires* de cinq articles : les *postérieurs* de quatre : premier article de ces derniers au moins aussi long que les deux suivants réunis. *Ongles* simples. *Ventre* de cinq arceaux : le premier le plus grand. *Corps* oblong ou suballongé.

Mandibules peu ou point saillantes. *Mâchoires* à deux lobes, ciliés. *Palpes maxillaires* de quatre articles : le dernier ordinairement sécuriforme ou cultriforme. *Languette* saillante. *Palpes labiaux* plus courts que les maxillaires : de trois articles.

Les Anthicides se partagent en deux familles :

Prothorax	armé à sa partie antérieure d'une saillie corniforme, avancée, subhorizontale, denticulée en dessus sur ses bords; ovalaire dans sa périphérie au dessous de cette corne.	NOTOXIENS.
	inerme, subarrondi ou tronqué en devant; ordinairement suballongé et sensiblement rétréci près de sa base.	ANTHICIENS.

PREMIÈRE FAMILLE.

LES NOTOXIENS.

CARACTÈRES. *Prothorax* armé à sa partie antérieure d'une saillie corniforme, avancée, subhorizontale, denticulée en dessus sur les bords; ovalaire dans sa périphérie au dessous de cette corne.

Tête convexe sur le vertex, planiuscule ou déprimée entre les yeux; *Epistome* transverse. *Labre* plus étroit que l'épistome. *Mandibules* débordant très-notablement le labre sur les côtés; bifides à l'extrémité. *Palpes maxillaires* à dernier article sécuriforme ou cultriforme. *Palpes labiaux* à dernier article ovoïde. *Antennes* insérées à découvert sur les côtés de la partie postépistomale du front; prolongées jusqu'à la moitié du corps ou un peu plus; subfiliformes ou grossissant plus ou moins sensiblement vers l'extrémité. *Prothorax* plus large que la tête, dans son milieu; chargé sur la seconde moitié de sa corne d'un arête ou crête denticulée. *Ecusson* petit, triangulaire. *Elytres* obtusément convexes sur le dos: à rebord latéral peu ou point visible, quand l'insecte est examiné perpendiculairement en dessus. *Pieds* simples, propres à la marche ou à la course.

Les Notoxiens sont remarquables par leur prothorax armé de cette espèce de corne qui s'avance presque horizontalement au dessus de la tête.

Ils se partagent en deux genres :

		GENRES.
Tarses postérieurs	moins longs que le tibia : à pénultième article obtriangulaire, canaliculé en dessus. Ailes développées, propres au vol.	*Notoxus.*
	grêles, filiformes, plus longs que le tibia ; à pénultième article entier. Ailes nulles ou rudimentaires.	*Mecynotarsus.*

Genre *Notoxus*, NOTOXE ; Geoffroy.

Geoffroy. Hist. abr. d. ins. (1762) t. I. p. 356.

(γῶτος, dos ; ὀξύς, pointu).

CARACTÈRES. *Tarses postérieurs* moins longs que le tibia, à pénultième article obtriangulaire, canaliculé en dessus, subbilobé. *Ailes* développées, presque au vol. *Mandibules* coudées à angle droit, à leur côté externe. *Menton* presque carré, faiblement échancré. *Antennes* à 2e article court : les 3e à 10e obtriangulaires ou obconiques : le 3e ordinairement un peu plus long : le 11e fusiforme, comme appendicé. *Tibias* subcomprimés, graduellement un peu élargis de la base à l'extrémité. *Ongles* arqués.

α Elytres parées chacune d'une bande transversale noire, outre quelques autres signes de même couleur.

β Bande transversale noire des élytres antérieurement liée à une bordure suturale, noire, plus ou moins avancée.

γ Dessous du corps au moins en partie noir. Dessus de la corne testacée, bordure suturale noire des élytres peu avancée. — *Brachycerus.*

γγ Dessous du corps testacé. Dessus de la corne noir ou obscur. Bordure suturale noire des élytres avancée presque jusqu'à la tache scutellaire ou jusqu'à elle. — *Monoceros.*

ββ Bande transversale noire des élytres isolée de la bordure suturale noire qui la précède. *Platycerus*.

αα Elytres parées chacune de deux bandes transversales noires, outre quelques autres signes de même couleur. *Cornutus*.

1. Notoxus brachycerus; FALDERMANN.

Pubescent: hérissé, en outre, en dessus de poils clairsemés. Antennes et pieds d'un blond carné ou testacé. Prothorax obtusément arrondi postérieurement; obscur sur les côtés, près de la corne. Elytres offrant vers les deux tiers leur plus grande largeur; d'un blond carné ou cendré testacé, ornées d'une tache scutellaire et chacune d'une tache latérale subarrondie, vers le tiers, et, vers les deux tiers, d'une bande transversale, noires: celle-ci notablement distante de la suture dans la moitié postérieure ou plus de son côté interne; antérieurement liée à une bordure suturale noire. Ventre tantôt noir, tantôt pâle, avec le bord des arceaux noirâtres.

♂ Angles postérieurs de la tête souvent émoussés. Corne prothoracique ordinairement plus large dans son milieu qu'à sa base; à crête plus étroite et chargée de saillies ou de crénelures obliques couvrant presque toute sa surface. Pygidium tronqué ou légèrement échancré à son extrémité.

♀ Angles postérieurs de la tête ordinairement saillants ou vifs. Corne prothoracique ordinairement parallèle sur ses deux tiers postérieurs; à crête plus large, finement crénelée sur les côtés, aplanie sur son disque. Pygidium terminé en angle émoussé.

Monocerus brachycerus. FALDERM., Faun. entom. transcauc. part. 2. p. 108.

Notoxus major (DEJEAN). SCHMIDT, Settin. Entom. Zeit. t. III. (1842). p. 83. — KUST., Kæf. Europ. IX. 53.

Notoxus brachycerus. DE LAFERTÉ, Mon. d. Anthic. p. 23. I. fig. 13. — REDTENB., Faun. austr. 2e édit. p. 636. — BACH, Kæferfaun. t. III. p. 283-2.

Long. 0m,0045 à 0m,0039 (2 l. à 2 l. 2/3). — Larg. 0m,0014 à 0m,0018 (2/3 à 2 l. 4/5).

Corps suballongé. *Tête* plus longue que large; faiblement échancrée en arc à sa partie postérieure, avec les angles postérieurs vifs, surtout chez la ♀ ; finement pointillée ; hérissée près de ses bords de quelques poils blonds ; garnie de poils plus fins, cendrés ou d'un blond cendré, couchés et ordinairement d'une manière divergente de chaque côté de la ligne médiane ; luisante ; ordinairement d'un roux blond ou d'un roux fauve, parfois obscur. *Mandibules*, noires à leur bord externe. *Antennes* d'un blond carné ; pubescentes. *Prothorax* détaché des élytres, brièvement ovale ; plus large dans son milieu que la tête ; obtusément arrondi postérieurement ; creusé d'un sillon antébasilaire ; garni d'une pubescence serrée, excepté sur son milieu ; armé d'une corne ; ordinairement fauve ou d'un fauve testacé avec les côtés, près la base de la corne, noirs ou obscurs ; peu distinctement pointillé ; revêtu d'une pubescence fine, soyeuse, luisante. *Ecusson* noir ou noirâtre. *Elytres* à peine élargies jusqu'aux deux tiers de leur longueur, rétrécies ensuite en ligne courbe, subarrondies postérieurement (♂ ♀) ; d'un cendré rosâtre ou carné ; parées d'une tache scutellaire et chacune d'une tache et d'une bande, noires : la tache scutellaire, ou parallèle transverse, à peine prolongée jusqu'au cinquième de leur longueur, bilobée souvent postérieurement, ordinairement étendue presque jusqu'à la fossette humérale, d'autres fois réduite à deux taches, isolées chacune de la suture : la tache latérale suborbiculaire, couvrant un peu plus de la moitié externe de chaque élytre, du cinquième aux trois cinquièmes environ de leur longueur : la bande transversale, couvrant des trois cinquièmes ou un peu moins aux quatre cinquièmes de leur longueur, notablement isolée de la suture sur la moitié postérieure ou plus de son bord interne, et unie en devant à une bordure suturale noire assez étroite, ordinairement à peine avancée au delà de la moitié de leur longueur ; quelquefois obscures à leur bord postérieur ; couvertes d'une pubescence cendrée, luisante, sur les parties claires, noire sur les parties noires ; hérissées de quelques poils raides ; presque indistinctement pointillées. *Dessous du corps* d'un blond carné ou roussâtre sur l'antépectus. *Médi* et *postpectus* ordinairement presque de la couleur du ventre. Celui-ci, souvent noir, parfois d'un blond carné, avec le bord des arceaux obscur ou noirâtre. *Pieds* d'un blond carné ou rosâtre, revêtus d'une pubescence soyeuse et luisante. *Cuisses* postérieures parfois obscures.

Obs. Elle varie un peu sous le rapport de la teinte, etc.

Variation (par défaut).

Chez les variétés par défaut, la couleur foncière est plus pâle; la tache scutellaire des élytres divisée en deux; les étuis sans tache obscure à l'extrémité; le ventre est d'un blond carné ou d'un testacé pâle, avec le bord des arceaux noir ou noirâtre. (Var. β.)

LAFERTÉ, l. c. var. 6.

Variation (par excès).

Dans le cas opposé, la tête ordinairement d'un roux fauve est parfois obscure, le prothorax est plus ou moins largement noir ou obscur sur les côtés, et parfois sur la crête de la corne. La tache scutellaire et la latérale des élytres acquièrent un plus grand développement; l'échancrure suturale postérieure de la bande s'affaiblit ou devient presque nulle; la bordure suturale s'avance un peu plus; le bord postérieur des étuis se montre noirâtre; le ventre et ordinairement le postpectus, sont noirs. (Var. γ)

2. **Notoxus monoceros**; LINNÉ.

Pubescent; hérissé en outre, en dessus, de poils clairsemés. Antennes pieds et dessous et dessus du corps d'un rouge jaune ou testacé. Tête d'un roux fauve plus ou moins clair. Prothorax d'un rouge testacé souvent noir ou obscur sur les côtés de sa corne; tronqué postérieurement. Elytres d'un rouge jaune ou testacé; parées d'une tache juxta-scutellaire souvent commune, d'une tache subarrondie juxta-latérale, vers les deux septièmes, et vers les deux tiers, d'une bande transversale, noire : celle-ci, presque étendue jusqu'à la suture, liée par son angle antéro-interne à une bordure suturale noire, plus ou moins avancée.

♂ Elytres un peu obliquement tronquées à l'extrémité, de manière à offrir, prises ensemble, une entaille en angle rentrant très-ouvert ; chacune de ces troncatures extérieurement terminée par une saillie ou dent rudimentaire. Pygidium obtus.

♀ Elytres obtusément arrondies, prises ensemble, à l'extrémité ; sans saillie dentiforme. Pygidium en angle dirigé en arrière à son extrémité.

Attelabus monoceros. LINNÉ, Faun. suec. (1761). p. 185. 639.
La cuculle. GEOFFR. Hist. abr. t. 1. p. 356. 1. pl. 6. fig. 8.
Meloe monoceros. LINN., Syst. nat. 12e édit. t. I. p. 681. — DE VILL., C. LINN. Entom. t. I. p. 401. 10. — DONOV., Brit ins. fasc. 6. fig. 182.
Notoxus monoceros. FABR., Syst. entom. p. 158. 2. — Id. Entom. Syst. t. I. p. 211. 6. — SCHRANK, Enum. p. 223. 421. — HERBST, Arch. p. 88. pl. 25. 4. — GMEL, C. LINN., Syst. nat. t. I, p. 1813. 4. — ROSSI. Faun. etrusc. t. 1. p. 139. — Id. Edit. HELW., t. I. p. 149. — PANZ., Faun. Germ. XXVI. fig. 8. — Id. Entom. Germ. p. 87. 4. — OLIV, Entom. t. III. no 51. p. 3. pl. 1. fig. 2. — Id. Encycl. méth. t. VIII. p 393. 1. — ILLIG. Kaef. Preuss p. 287. 1. — CEDERH., Faun. ingr. prodr. p. 106. — LATR. Hist. nat. t. X. p. 353. pl 89. fig. 7. — Id. Gen. t. II. p. 202. — LAMARCK, Anim. S. vert. t. IV. 420. — SAM., Entom. pl. 2. fig. 23. — KUSTER, Kæf. Eur. IX. 54. — SCHMIDT, Stett. entom. Zeit. t. III. p 81. 1. — DE LAFERTÉ, Monogr. des Anth. p. 29. 1. L. REDTENB., Faun Austr. 2e édit. p. 636. — BACH, Kaeferf. t. III. p. 282. 1.
Notoxus cucullatus. FOURCR., Entom. par. t. I. p. 162.
Anthicus monoceros. PAYK., Faun. suec. t. II. p. 254. — FABR. Syst. Eleuth. t. I p. 288. 1. — SCHŒNH., Syn. ins. t. II. p. 54. 1. — GILLENH., Ins. suec. t. II. p. 490. — ZETTERST., Faun. lapp. p. 274. 1. — Id. Ins. lapp. p. 158. 1. — SAHLB., Ins. fenn. p. 438. — DE CASTELN., Hist. nat. t. II. p. 258. 1.
Lytta monoceros. MARSH., Entom. brit. p. 487. 8.
Ceratoderus monoceros. BLANCH., Hist. de ins. t. II. p. 40.

Long. 0m,0039 à 0m,0051 (1 l. 3/4 à 2 l. 1/4). — Larg. 0m,0014 à 0m,0018 (2/3 à 4/5 l.).

Corps suballongé. *Tête* plus longue que large; faiblement échancrée en arc à sa partie postérieure, avec les angles postérieurs peu vifs et peu saillants; finement pointillée; hérissée près de ses bords de longs poils blonds; garnie de poils cendrés, plus fins, couchés et luisants; ordinairement fauve ou d'un testacé obscur, parfois d'un roux fauve, avec l'épistome, le labre et les palpes d'un blanc carné ou cendré. *Mandibules* noires sur le bord externe. *Antennes* d'un rouge jaune ou roux testacé; garnies de poils peu serrés. *Prothorax* détaché des élytres; suborbiculaire; paraissant un peu plus large dans son milieu que long depuis sa base jusqu'à son bord antérieur; tronqué postérieurement; creusé d'un sillon antébasilaire, garni d'une pubescence cendrée et grisâtre, excepté sur son milieu, souvent marqué d'un point enfoncé aux extrémités internes de cette pubescence; armée d'une corne subarrondie ou en ogive en devant et à quatre dentelures de chaque côté; ordinairement noir ou obscur, sur la moitié antérieure de ses côtés; d'un rouge ou roux testacé sur le reste; peu distinctement pointillé; garni d'une pubescence fine et peu serrée et hérissée de poils livides. *Écusson* fauve ou obscur. *Élytres* un peu élargies dans leur milieu; de quatre cinquièmes plus longues que larges, prises ensemble; d'un rouge ou roux testacé ou d'un testacé pâle; parées chacune de deux taches et d'une bande liée à une bordure suturale, noires : la première tache, voisine de la base et de la suture, souvent dilatée et constituant une tache scutellaire commune, prolongée quelquefois jusqu'au quart de la suture : la deuxième tache, arrondie ou ovale, voisine du bord externe, ordinairement isolée de celui-ci, couvrant le second cinquième de leur longueur; la bande, en forme de grosse tache, couvrant ordinairement des quatre septièmes aux quatre cinquièmes de leur longueur, écointée à son angle postéro-interne; habituellement non étendue jusqu'à la suture; liée par son angle antéro-interne à une bordure suturale noire plus ou moins avancée et quelquefois jusqu'à la tache scutellaire; hérissés de poils clairsemés; garnies d'une pubescence luisante, peu serrée, cendrée sur les parties testacées, noire sur les parties noires. *Dessous du corps* et *pieds* d'un rouge ou roux jaune.

Obs. Elle a beaucoup d'analogie avec le *N. brachycerus;* elle s'en distingue par une taille ordinairement plus petite; par ses antennes hérissées de poils peu rapprochés au lieu d'être revêtus d'une pubescence; par son prothorax tronqué postérieurement; par sa corne prothoracique en général, mais fortement crénelée et moins relevée sur les bords de sa moitié antérieure, chargée d'une crête plus aplanie et granuleuse sur son disque; par la tache scutellaire ordinairement un peu plus prolongée; par la tache latérale souvent plus petite, plus isolée du bord externe; par la bande transversale ordinairement plus développée, écointée et rarement sinuée à son angle postéro-interne, constituant avec sa pareille sur la suture un angle rentrant ; par sa bordure suturale avancée presque jusqu'à la tache scutellaire et parfois liée à celle-ci ; par le dessous du corps entièrement de la couleur des pieds ; par la tête plus obscure ; le prothorax noir sur la corne et plus largement sur les côtés ; par les élytres moins densement pubescentes, plus distinctement pointillées, légèrement plus larges dans leur milieu au lieu d'être faiblement élargies jusqu'au tiers ; offrant à l'extrémité un caractère sexuel qui manque dans l'espèce précédente.

Le N. *monoceros* offre dans la coloration de son corps et dans le dessin des élytres des variations plus ou moins nombreuses.

(Variations par défaut).

Quand la matière colorante a moins abondé, la tête est moins obscure ou plus claire, le prothorax est tantôt entièrement d'un roux testacé, tantôt avec les dentelures de la corne ou de plus la partie antérieure, obscures ; le dessin des élytres se modifie. Les taches scutellaires sont plus petites, plus nettement isolées de la base et de la suture ; la bordure suturale noire s'avance à peine jusqu'au tiers antérieur des étuis ; la bande est souvent grêle, très-isolée du bord externe, et parfois paraît formée de deux ou trois taches subponctiformes unies ; la tache latérale est quelquefois presque nulle. (Var. β.)

SCHMIDT, l. c. Var. β δ. LAFERTÉ, l c. Var. β.

Près du N. *monoceros*, vient se placer le

Notoxus platycerus ; LAFERTÉ.

Pubescent ; hérissé en outre en dessus de poils clairsemés. Antennes, pieds et dessous du corps, d'un rouge ou roux jaune. Dessus du corps, d'un rouge jaune ou testacé. Prothorax tronqué postérieurement. Elytres parées d'une tache suturale elliptique ou presque linéaire prolongée du tiers à peine au delà de la moitié, et chacune de deux taches et d'une bande subtransversale, noires : la 1re tache subarrondie, juxta-scutellaire, peu séparée de la base et de la suture : la 2e, ovale, voisine du bord externe, du sixième aux deux septièmes : la bande, en forme de tache subarrondie ou en ovale transverse, non liée à la suture, ni à la bordure suturale.

Notoxus platycerus. LAFERTÉ, Monogr. p. 32. 6.

Long. 0m,0045 (2 l.). — Larg. 0m,0017 (4/5).

Patrie : l'Espagne.

Cet insecte dont nous devons la communication à la bienveillance de M. le baron H. de Bonvouloir, possesseur de la collection de M. Laferté, a tant de ressemblance avec le *monoceros*, qu'on est d'abord à se demander si le *N. platycerus* doit constituer une espèce particulière. Cependant le caractère constant sur plusieurs individus d'avoir la bordure suturale isolée de la bande et la ponctuation peut-être un peu plus forte, semblent devoir le séparer du *monoceros*. Quant aux caractères tirés de la couleur, de la corne un peu plus large ou plus fortement dentelée, ils sont variables et peu appréciables.

3. **Notoxus cornutus.**

Pubescent, soyeux, hérissé en outre en dessus de poils clairsemés. Antennes testacées, obscures vers l'extrémité. Prothorax ordinairement noirâtre, avec la corne et la base testacées. Elytres offrant leur plus grande largeur vers les quatre septièmes de leur longueur, testacées ; parées d'une tache scutellaire et chacune d'une tache subarrondie ou ponctiforme latérale, souvent liée à la scutellaire, et de deux bandes transversales, noires ou brunes : la bande antérieure, couvrant des trois septièmes presque aux deux tiers de leur longueur : la bande postérieure, apicale. Dessous du corps noirâtre, pubescent. Pieds testacés, avec les cuisses souvent obscurs à l'extrémité.

♂ Abdomen obtusément tronqué ou subarrondi à sa partie postérieure, terminé en dessus par une pièce pygidiale qui manque à la ♀. Corne ordinairement étroite, terminée en ogive moins concave et moins fortement crénelée sur les bords de sa moitié antérieure, chargée sur la seconde moitié d'une crête moins saillante.

♀ Abdomen terminé en angle obtus; sans pièce pygidiale. Corne ordinairement plus large, subarrondie en devant, plus fortement crénelée sur les côtés, plus sensiblement concave, chargée d'une crête plus saillante et plus sensiblement crénelée ou denticulée sur les bords.

Notoxus cornutus. FABR., Entom. Syst. t. I. p. 211. 7. — PANZ., faun. Germ. LXXIV. 7. — LATR., Hist. nat. t. X. p. 154. — OLIV., Encycl. méth. t. VIII. p. 393. 2. — DUFOUR, excurs. p. 71. 426. — SCHMIDT, Stett. Entom. Zeit. t. III. p. 83. — KUSTER, Kœf. Eur. XVI. 69. L. REDTENB., faun. Austr. 2e édit. p. 636. — BACH., Kæferfaun. t. III. p. 283. 3.

Anthicus cornutus. FABR., Syst. eleuth. t. I. p. 289. 2. — SCHOENH., Syn. ins. t. II. p. 55. — GYLLENH., ins. suec. t. II. p. 491. 2. — DE CASTELN., Hist. nat. t. II. p. 258. 2. pl. 20. fig. 4.

Long. 0m,0033 à 0m,0036 (1 l. 1/2 à 1 l. 2/3). — Larg. 0m,0009 à 0m,0013 (2/5 l. à 3/5 l.).

Corps allongé ou suballongé. *Tête* aussi large que longue; tronquée ou faiblement échancrée à sa partie postérieure, avec les angles assez prononcés; noirâtre, luisante; finement pointillée; hérissée de longs poils obscurs; garnie d'une pubescence grisâtre. *Epistome* et *labre* d'un fauve testacé. *Antennes* testacées, avec les quatre ou cinq derniers articles plus foncés ou obscurs. *Yeux* noirs. *Prothorax* peu détaché des élytres; suborbiculaire, à peine aussi large que long; tronqué postérieurement; creusé d'un sillon antébasilaire profond, pubescent sur chaque tiers externe de sa longueur; armé d'une corne, de conformation un peu variable suivant les sexes; peu distinctement pointillé; ordinairement brun ou noirâtre, à l'exception de la corne et des côtés de sa base; hérissé de longs poils; garni d'une pubescence grisâtre. *Ecusson* noirâtre. *Elytres* faiblement élargies jusqu'aux quatre septièmes de leur longueur; d'un testacé pâle, parées d'une tache scutellaire, et chacune d'une tache ponctiforme latérale et de deux bandes transversales, d'un brun noir : la tache scutellaire ordinairement transverse, étendue presque jusqu'à la fossette humérale, souvent liée ou presque unie à la tache latérale : celle-ci ponctiforme, voisine du bord externe ou liée à lui, non étendue jusqu'à la moitié de la largeur d'une élytre, couvrant la partie postérieure du calus huméral, à peine prolongée au delà du cinquième de leur longueur : la bande transversale antérieure couvrant des trois septièmes jusqu'aux deux tiers de leur longueur, anguleusement avancée sur la suture jusqu'aux deux septièmes antérieurs, ordinairement un peu prolongée en arrière sur la suture : la 2e bande apicale, couvrant presque le 6e postérieur de leur longueur; finement pointillées; revêtues d'une pubescence assez épaisse, cendrée sur les parties pâles, noire sur les parties noires; hérissée de poils longs et rigides. *Dessous du corps* brun ou noirâtre, revêtu d'une pubescence d'un gris cendré, luisante ou avec un éclat argenté, à certain jour. *Pieds* testacés ou d'un testacé pâle : extrémité des cuisses souvent obscure.

Cette espèce se trouve principalement dans la plupart de nos provinces méridionales, et dans diverses autres contrées du midi de l'Europe ou du nord de l'Afrique.

Obs. Le *N. cornutus* se distingue facilement des deux espèces précédentes, par la tache ponctiforme ou subarrondie latérale des élytres située plus avant, couvrant une partie du calus huméral, ne dépassant pas le premier cinquième de leur longueur et souvent liée ou presque liée à la tache scutellaire; par les deux bandes noires ou brunes dont ses élytres sont parées : l'antérieure, couvrant depuis les trois septièmes presque jusqu'aux deux tiers : la seconde, apicale et couvrant presque leur sixième postérieur.

Le *N. cornutus*, comme les espèces précédentes, varie sous le rapport de la coloration suivant le développement de la matière colorante. Ainsi, les antennes et les cuisses sont parfois peu sensiblement obscures vers leur extrémité; le prothorax est parfois presque entièrement noir, d'autres fois il est en majeure partie testacé. Les parties noires des élytres varient dans leur développement et par conséquent dans leur conformation. La tache scutellaire, ordinairement en parallélogramme transverse, reste parfois plus ou moins distante de la fossette humérale, d'autre fois elle se lie à la tache ponctiforme latérale. La bande antérieure forme ordinairement en devant sur la suture une saillie comme en triangle, plus rarement presque en carré, ou d'autres fois cette saillie est presque nulle; son bord postérieur ordinairement en ligne à peu près droite, est souvent entaillé ou sinué dans son milieu; son prolongement sutural, généralement étroit, est parfois presque nul ou peu distinct, etc.

Ces variations peuvent être formulées de la manière suivante :

(Variations par défaut).

Quand la matière colorante a été moins abondante, le fond du dessus du corps est plus pâle : le prothorax est souvent tout entier d'un roux testacé; la tache scutellaire est complètement isolée de la tache latérale (Var. β).

Schmidt, l. c. Var. α et β. — Laferté, l. c. Var. *b* et *c*.

La bande médiane noire se montre parfois divisée en deux taches. (Var. γ)

Laferté, l. c. Var. *d*.

(Variations par excès).

Quand au contraire la matière colorante s'est produite en plus grande abondance, la tache scutellaire couvre la base noire, en s'unissant à la tache latérale; les deux bandes acquièrent ordinairement plus de développement et s'unissent en général entre elles à la suture. (Var. δ)

Notoxus monoceros. Rossi, faun. etr. t. I. p. 139. pl. 2. fig. 14. — Id. édit. Helw. t. I. p. 149.

Notoxus trifasciatus. Rossi, Mant. t. I. p. 45. — Id. édit. Helw. t. I. p. 384. — L. Redtenb., Faun. Austr. 2e édit. p. 636. — Bach, Kæferf. t. III. p. 283. 4.

Notoxus cornutus. Schmidt, Var. δ — Laferté, Var. β.

Notoxus armatus. Schmidt, Stett. Entom. Zeit. (1842). p. 86. 4.

M. de Laferté cite une autre variété, chez laquelle le noir plus ou moins terne devient la couleur principale; il couvre la tête, le prothorax, rend les antennes et les pieds obscurs, et ne laisse sur les élytres que deux bandes transverses, étroites, d'un gris sale.

Cette variété a été prise en Sardaigne par Géné.

Genre *Mecynotarsus*, Mécynotarse; Laferté.

(De Laferté. Monogr. d. Anthic. (1848). p. 57).

(μηκύνω, j'allonge; ταρσὸς, tarse).

Caractères. *Tarses postérieurs* grêles, filiformes, plus longs que le tibia; à pénultième article entier. *Ailes* nulles ou rudimentaires. *Mandibules* subarrondies à leur côté externe. *Menton* obtusément arqué en devant. *Antennes* à 2e article presque aussi long que le 3e : les 2e à 10e subcylindriques : le 11e ovoïde. *Tibias* filiformes. *Ongles* grèles et petits.

1. **Mecynotarsus rhinoceros**; Fabricius.

Dessus du corps revêtu d'une pubescence soyeuse. Prothorax ordinairement d'un rouge testacé pâle; orné d'une corne à cinq ou six crénelures noires de chaque côté. Elytres noires, unies, paraissant d'un noir ardoisé ou grisâtre par l'effet de leur pubescence. Antennes et pieds d'un testacé pâle.

♂ Dernier arceau du ventre creusé d'une fossette ou point enfoncé.

♀ Dernier arceau du ventre sans fossette.

Notoxus rhinoceros. Fabr., Suppl. entom. Syst. p. 66. — Latr., Hist. nat. t. X. p. 354. 4. — Oliv., Encycl. méth. t. VIII. p. 593. 3. — Schmidt, Stett. entom. Zeit. t. III. 1842. p. 87 6 — Kuster, Kæf. Eur. XVIII. 69.

Notoxus serricornis. Panz., faun. Germ. 31. 17.

Anthicus rhinoceros. Fabr., Syst. Eleuth. t. I. p. 289. 3. — De Casteln., Hist. nat. t. II. p. 258. 3.

Mecynotarsus rhinoceros. De Laferté, Monogr. des Anth. p. 38. 1. fig. 1. — L. Redtenb., Faun. Aust. 3e édit. p. 637. — Bach, Kaeferf. t. III. p. 283. 1.

Long. 0m,0015 à 0m,0022 (2/3 à 1 l.). — Larg. 0m,0005 à 0m,0007 (1/4 à 1/5).

Corps oblong. *Tête* un peu plus longue que large; ou à peine échancrée en arc à son bord postérieur, avec les angles postérieurs parfois assez vifs; finement pointillée; hérissée de longs poils clairsemés; garnie d'une pubescence fine; fauve ou obscure. *Palpes* et *antennes* d'un testacé pâle ou flavescent. *Prothorax* suborbiculaire, un peu plus large que long, rétréci en ligne presque droite ou un peu sinuée dans le tiers postérieur de ses côtés; accolé aux élytres; tronqué à la base; creusé d'un sillon antébasilaire peu profond et non tomenteux; finement pointillé; garni d'une pubescence d'un cendré argenté; d'un rouge testacé pâle ou d'un testacé flavescent; armé d'une corne presque en fer de lance, munie de chaque côté de cinq ou six dentelures ou crénelures noires ou relevées, garnie en dessous de longs poils fins, et chargée en dessus d'une crête finement denticulée. *Ecusson* noir ou obscur. *Elytres* débordant la base du prothorax au moins du tiers de la largeur de chacune; subarrondies aux épaules; ovalaires; de trois quarts plus longues que larges; convexes; noires ou d'un noir légèrement bleuâtre, mais paraissant d'un noir ardoisé ou grisâtre par l'effet de la pubescence soyeuse d'un cendré argenté dont elles sont revêtues. *Dessous du corps* ordinairement noir, au moins sur le ventre. *Pieds* d'un testacé pâle ou flavescent.

Obs. Cette espèce est une de celle qui varie le plus sous le rapport de la coloration du corps; on peut réduire sa variété aux suivantes :

Variations (par défaut).

Var. α. Entièrement d'un testacé pâle ou livide, à reflets grisâtres, produits par sa pubescence.

Notoxus rhinoceros. Var. c. De Laferté, l. c.
Notoxus immaculatatus. Latr., Hist. nat. t. X. p. 355.

Var. *β*. Elytres d'un noir moins foncé, avec diverses parties, surtout l'extrémité et les épaules, roussâtres ou d'un roux fauve.

Notoxus rhinoceros. Var. *b*. Laferté, loc. cit.

Obs. Dans cette variété la poitrine et même parfois la base du ventre sont souvent d'un rouge testacé pâle, et le prothorax prend une teinte rembrunie.

Variation (par excès).

Var. *δ*. Prothorax d'un noir brun ou brunâtre, ainsi que tout le reste du corps. Antennes souvent de même couleur en partie ou en totalité. Pattes seules d'un testacé pâle.

Notoxus rhinoceros. Var. *β*. Laferté, l. c.

Obs. Dans cette variation, la matière colorante noire des élytres en s'étendant sur les autres parties du corps a perdu de l'intensité de sa teinte.

DEUXIÈME FAMILLE.

LES ANTHICIENS.

Caractères. *Prothorax* inerme, subarrondi ou tronqué à sa partie antérieure; ordinairement suballongé et sensiblement rétréci sur les côtés au devant de la base. *Tête* de forme variable. *Labre* transverse. *Mandibules* médiocrement arquées; débordant médiocrement le labre sur les côtés; bifides à l'extrémité. *Palpes maxillaires* à dernier article sécuriforme ou presque cultriforme. *Palpes labiaux* plus ou moins courts; à dernier article de forme variable. *Antennes* prolongées un peu moins ou un peu plus que la moitié du corps; parfois subfiliformes, ordinairement épaissies un peu vers l'extrémité. *Prothorax* de forme variable, élargi vers la partie antérieure de ses côtés, rétréci vers la base, ordinairement plus long que large. *Ecusson* petit. *Elytres* en général peu fortement convexes ; à rebord latéral peu ou point visible, quand l'insecte est examiné perpendiculairement en dessus. *Ventre* de cinq arceaux : le 1er le plus grand, anguleusement avancé entre les hanches postérieures : le 2e généralement plus grand que chacun des suivants. *Pieds* propres à la course ou à la marche. *Tarses* à pénultième article presque bilobé, ou creusé en dessus d'un sillon pour loger la base du dernier article.

Les Anthiciens se distinguent sans peine des insectes de la famille précédente, par l'absence de cette espèce de corne dont se trouve armé le prothorax des Notoxiens.

Ces petits insectes, de couleur ordinairement obscure ou rapprochée de la teinte du sol, aiment en général les bords sablonneux des eaux, où ils trouvent les aliments nécessaires à leur existence dans les matières organisées que les flots rejettent sur les rives ; d'autres espèces se tiennent au pied des plantes, parmi les végétaux en décomposition, etc.

Ils se répartissent dans les genres suivants :

GENRES.

- *Dessus du corps*
  - non garni de poils squammiformes. Antennes insérées à découvert
    - Tête accolée contre le prothorax ne laissant pas ou laissant à peine apercevoir le cou ; subarrondie à sa partie postérieure. Prothorax creusé d'un sillon transversal vers ses deux tiers, et fortement étranglé aux extrémités de ce sillon. . . . . *Tomoderus.*
    - Tête séparée du prothorax par un cou ordinairement très-apparent, parfois peu distinct, mais alors prothorax creusé d'un sillon transversal.
      - Elytres en ovale allongé, pas plus larges en devant que la base du prothorax, élargies ensuite en ligne obliquement longitudinale jusqu'aux épaules qui sont en angle ouvert. . *Formicomus.*
      - Elytres tronquées ou un peu échancrées en arc à la base, débordant la base du prothorax de près de la moitié de la largeur de chacune.
        - Prothorax creusé vers les deux tiers de sa longueur d'un sillon transversal profond et complet ; fortement étranglé aux extrémités de ce sillon. *Leptaleus.*
        - Prothorax n'offrant pas vers les deux tiers de sa longueur, un sillon transversal profond et complet . . . . *Anthicus.*
  - garni de poils squammiformes ou de petites écailles. Antennes un peu voilées à la base par le bord relevé des côtés de la partie postépistomale du front, sous le quel elles sont insérées. . . . . *Ochthenomus.*

Genre *Tomoderus*, Tomodère; Laferté.

De Laferté. Monogr. des Anth. p. 96.

(τομή, coupée; δέρη, cou).

Caractères. *Dessus du corps* non garni de poils squammiformes. *Tête* accolée contre le prothorax, et ne laissant pas ou laissant à peine apercevoir le cou; subarrondie à sa partie postérieure. *Yeux* séparés du bord postérieur de la tête par un espace moins grand que leur diamètre longitudinal. *Antennes* insérées à découvert; robustes, épaissies vers le sommet. *Prothorax* creusé, vers les deux tiers de sa longueur, d'un sillon transversal complet; fortement étranglé aux extrémités de ce sillon. *Elytres* tronquées en devant jusqu'aux épaules; débordant la base du prothorax du tiers ou de la moitié de la largeur de chacune; à angle huméral subtriangulairement ouvert. *Cuisses* non atténuées à la base et fortement renflées à l'extrémité.

Les insectes de ce genre se rapprochent des Xylophilides par leur tête accolée contre le prothorax; par la grosseur de leur yeux et leur rapprochement du bord postérieur de la tête.

1. **Tomoderus compressicollis**; Motschulsky.

Corps entièrement d'un jaune testacé luisant ou brillant, avec les yeux noirs. Prothorax plus long que large, profondément étranglé vers les deux tiers de sa longueur, comme formé de deux parties séparées par un sillon transversal profond: l'antérieure subcordiforme, rayée d'un sillon longitudinal médian. Elytres subparallèles; marquées de dix rangées longitudinales de points postérieurement affaiblis; garnies d'une pubescence cendrée, peu épaisse.

Anthicus compressicollis. Motsch., Bulletin de Mosc. 1839. p. 59. pl. II. fig. c.
Anthicus melanophthalmus. Laferté. Ann. de la soc. entom. de Fr. t. II. p. 255. pl. 10. fig. 6 et 7. *a.*

Tomoderus compressicollis. LAFERTÉ, Monogr. d. Anth. p. 99. 7. pl. n° 26. fig. 8. — L. REDTENB., Faun. austr. 2e édit. p. 638. — J. DU VAL, Gen. t. III. p. 369. pl. 84. fig. 416.

Long. 0m,0018 à 0m,0022 (4/5 à 1 l.). — Larg. 0m,0007 (1/3 l.).

Corps suballongé. *Tête* un peu moins longue que large prise, aux yeux; subarrondie postérieurement; d'un jaune testacé luisant ou brillant; imponctuée; presque glabre; hérissée de quelques poils obscurs clairsemés. *Pulpes* et *antennes* d'un jaune testacé : celles-ci, peu garnies de poils. *Yeux* noirs. *Prothorax* tronqué en devant; muni derrière la tête d'un rebord très-court, constituant un goulot peu apparent; accolé postérieurement aux élytres; sans rebord ou peu distinctement rebordé à sa base avec le sillon antébasilaire nul ou à peine marqué; profondément étranglé vers les deux tiers de ses côtés, et comme formé de deux parties séparées par un sillon transversal profond aboutissant aux étranglements : l'antérieure presque cordiforme, convexe, rayée d'un sillon longitudinal médiaire, une fois plus longue que large : la postérieure transversale, trois fois aussi large que longue, un peu moins large que l'antérieure dans le diamètre transversal le plus grand de celle-ci; à peine plus large ou à peine aussi long qu'il est large, vers le tiers de sa longueur; d'un jaune testacé luisant ou brillant; glabre ou presque glabre. *Ecusson* transverse, arqué en arrière postérieurement; d'un jaune testacé. *Elytres* débordant la base du prothorax du tiers ou des deux cinquièmes de la largeur de chacune; à angle huméral émoussé, mais presque rectangulairement ouvert, subparallèles jusqu'aux cinq septièmes de leur longueur, ou à peine élargies à partir de leur moitié; arrondies postérieurement; une fois environ plus longues que larges, prises ensemble; peu convexes sur le dos; convexement inclinées sur les côtés; marquées chacune de dix rangées de points sérialement disposés, plus gros et plus marqués près de la base, affaiblies postérieurement; d'un jaune testacé luisant; garnies d'une pubescence cendrée, fine, couchée, peu serrée et souvent peu apparente. *Dessous du corps* d'un jaune testacé. *Pieds* un peu plus pâles.

Cette jolie espèce paraît être exclusivement méridionale et se plaire dans le voisinage de la mer. On la trouve près des marais salants, au pied des végétaux, sur les roseaux ou autres plantes aquatiques, ou sous les débris de matières végétales.

Genre *Formicomus*, Formicome ; Laferté (1).

Laferté. Monogr. des Anth. 1848, p. 70.

Caractères. *Dessus du corps* non garni de poils squammiformes. *Antennes* insérées à découvert ; un peu épaissies vers le sommet. *Tête* séparée du prothorax par un cou très-distinct ; arrondie à sa partie postérieure ; ovalaire. *Yeux* séparés du bord postérieur de la tête par un espace au moins égal à leur diamètre longitudinal. *Prothorax* plus long que large ; renflé et arrondi en devant sur les côtés, rétréci vers les deux tiers, non creusé d'un sillon transversal entre ces points latéraux rétrécis. *Elytres* en ovale allongé ; pas plus larges en devant que la base du prothorax, élargies ensuite en ligne obliquement longitudinale jusqu'aux épaules, dont l'angle est très-ouvert et arqué. *Cuisses* grêles à la base, en massue vers l'extrémité.

Menton près d'une fois plus large que long. *Palpes labiaux* à dernier article ovalaire.

Obs. Les insectes de ce genre se distinguent de tous les autres Anthiciens par la forme de leurs élytres et par l'étroitesse de celles-ci à la base.

1. **Formicomus cœruleipennis** (Dufour) ; De Laferté.

Tête noire. Prothorax rouge ou d'un rouge testacé, peu pubes-

(1) M. de Motschulsky, dans le *Bulletin* de la Société des naturalistes de Moscou (1845, p. 83, n° 341), avait indiqué, sous le nom de *formicoma*, cette coupe dont M. de Laferté a donné les caractères. Le comte Mannerheim (Bulletin de Mosc, 1846, p. 227), avait proposé de remplacer le mot *formicoma* par celui plus régulièrement formé de *myrmecosoma*.

cent. Elytres d'un vert bleuâtre non déprimées transversalement; marquées de points assez petits, donnant chacun naissance à un poil d'un blond cendré; hérissées de poils, obscurs, clairsemés. Antennes fauves ou testacées à la base, obscures à l'extrémité. Pieds d'un rouge testacé avec la massue des cuisses obscure.

Anthicus cœruleipennis (DUFOUR), DEJEAN, Catal. 3e édit. p. 239. — LAFERTÉ et LUCAS, Expéd. sc. de l'Algérie, t. II. p. 369.
Formicomus cœruleipennis. LAFERTÉ, Monogr. des Anth. p. 73. 2. — J. DU VAL Gener. t. III. pl. 84. fig. 419.
Myrmecosoma cœruleipennis. TRUQUI, Mém. de l'Acad. di Turino. 2e série. XVI. 1857. p. 345. 1.

Long. 0m,0045 à 0m,0051 (2 l. à 2 l. 1/4). — Long. 0m,0013 à 0m,0016 (3/5 à 3/4).

Patrie : les Provinces méridionales de l'Espagne et l'Algérie.

2. **Formicomus pedestris**; ROSSI.

Peu pubescent. Antennes, tête et élytres d'un noir luisant : celle-ci déprimées transversalement vers le quart; parées sur cette dépression d'une bande rouge raccourcie à ses extrémités, et de poils d'un blanc cendré mi-couchés; ornées, vers les trois cinquièmes de leur longueur, d'une bande transversale formée de poils semblables. Prothorax rouge ou d'un rouge testacé assez vif, pubescent. Pieds bruns, avec la base des cuisses d'un rouge testacé.

♂ Cuisses antérieures armées d'une dent vers le milieu de leur tranche inférieure. Arceau du dos de l'abdomen précédant le pygidium, fortement entaillé. 5e arceau du ventre échancré en arc, à peine plus long dans son milieu que le précédent; suivi d'un étui anal, triangulaire, laissant entrevoir les pièces qu'il protége. Tête à peine plus longue que large. Prothorax un peu plus large que chez la ♀. Elytres un peu plus étroites.

♀ Cuisses antérieures inermes. Dernier arceau du dos de l'abdomen obtusément anguleux. 5e arceau du ventre arqué, un peu subanguleux en arrière; une fois environ plus long dans son milieu que le précédent.

Corabus pedestris. Rossi, Faun. etr. t. I. p. 224. 557. — Id. Edit. Helw. t. 1. p. 270. 557.
Notoxus pedestris. Rossi, Mantiss. t. I. p. 45. 114. pl. II. fig. c. Appendix t. II. p. 134. pl. 2. fig. C.— Id. Edit. Helw. t. I. p. 384. 114. pl. 2. fig. c. — Fabr., Suppl. p. 66. 9-10. — Oliv., Encycl. méth. t. 8. p. 395. 4.
Notoxus thoracicus. Panz., Faun. Germ. XXIII. 6.
Anthicus pedestris. Fabr., Syst. Eleuth. t. I. p. 291. 12. — Illig., Magaz. t. V. p. 225. — Steph., Illustr. t. V. note. — Id. Man. p. 341. 2676. — De Casteln., Hist. de ins. t. II. p. 258. 8. — Schmidt, Stett. entom. Zeit. t. III. p. 193. 29. — Kuster., Kaef. Europ. XIII. 75.
Anthicis nobilis. Falderm., Faun. entom. transcauc. part. 2. p. 107. 363.
Formicomus pedestris. Laferté, Monogr. p. 76. 6. — L. Redtenb., Faun. Austr. 2e édit. p. 637. — Bach, Kaef. t. III. p. 284. 1.

Obs. Truqui nous semble faire erreur (Mém. de l'Acad. d. sc. di Torino, 2e série, t. XVI p. 345 2.), en ne rapportant pas à cette espèce le *Notoxus pedestris* de Rossi.

Long. 0m,0033 à 0m,0045 (1 l. 1/2 à 2 l.).—Larg. 0m,0009 à 0m,0013 (2/5 à 3/5).

Corps suballongé. *Tête* presque aussi longue que large (♂), moins brièvement ovale (♀); arrondie postérieurement; noire; marquée de points assez petits donnant naissance à un poil noir et couché. *Palpes* et *antennes* noires : celles-ci, parfois moins obscures vers la base; mi-hérissée de poils médiocrement serrés. *Yeux* médiocrement saillants. *Prothorax* tronqué en devant et à la base; détaché des élytres; muni en devant d'un *goulot* court, mais bien apparent; faiblement rebordé à la base et muni d'un sillon antébasilaire; arrondi sur les côtés sur les deux tiers antérieurs, rétréci vers les deux tiers, subparallèle ou un peu renflé postérieurement; d'un quart ou d'un tiers plus long sur la ligne médiane que large vers le tiers de sa longueur, c'est-à-dire à son diamètre transversal le plus grand; à peu près aussi large dans ce point que la tête; convexe; déclive en devant sur son tiers antérieur, déclive en arrière sur les deux tiers postérieurs; d'un rouge assez vif; lusiant ou brillant; marqué de points assez petits, médiocrement ou assez rapprochés, donnant chacun naissance à un poil cendré et couché; hérissé de quelques poils plus longs. *Ecusson* obscur ou rougeâtre, creusé d'une fossette à sa base. *Elytres* en ovale oblong; à angles huméraux peu prononcés; obliquement tronquées à l'extrémité; à peine une fois plus longues que larges dans leur milieu, prises ensemble; des deux tiers ou des trois quarts plus larges que le prothorax dans son diamètre transversal le plus grand; d'un noir luisant et comme vernissé; parées chacune d'une bande rouge ou d'un rouge obscur, transverse, située un peu après l'angle huméral, et n'atteignant ni le bord externe, ni la suture, et quelquefois réduite à une tache presque ponctiforme; transversalement un peu déprimées sous cette bande rouge ou peu après elle; marquées de points médiocrement rapprochés donnant chacun naissance à un poil : les uns, noirs, plus grossiers et hérissés, clairsemés : les autres cendrés : ceux-ci plus apparents sur la dépression transversale, et constituant vers les trois cinquièmes de leur longueur une sorte de bande transversale. *Dessous du corps* d'un rouge pâle ou testacé sur l'antépectus; rougeâtre ou obscur sur les médi ou postpectus; noir sur le ventre. *Pieds* bruns ou brunâtres, avec les hanches antérieures et intermédiaires et la base des cuisses testacées ou d'un testacé flavescent : moitié antérieure des tibias souvent d'un testacé plus ou moins nébuleux.

Cette espèce est commune sur tout le littoral de la Méditerranée. On la retrouve en Corse et dans divers autres lieux.

Obs. La coloration du corps varie suivant le développement de la matière colorante.

Variation (par défaut).

Var. α. Tête parfois moins obscure ou même d'un fauve nébuleux; base des élytres rougeâtre, bande transversale rouge plus jaunâtre, plus grande, étendue parfois jusqu'à la suture et jusqu'au bord externe; majeure partie des tibias testacés.

♀ *Notoxus equestris*. PANZ., Faun. Germ. 24. 8. — DE LAFERTÉ, loc. cit. var. *b*. et *c*.

Obs. Quelquefois ces diverses variations ne se trouvent pas toutes chez le même individu. Les médi et postpectus sont souvent fauves ou d'un fauve testacé ; le ventre lui-même est parfois moins obscur.

Variation (par excès).

Var. *β*. Bande transverse rouge des élytres réduite à une tache ponctiforme ou même peu apparente.

De Laferté, l. c. var. *β*. et *γ*.

Var. *γ*. Prothorax brun ou noirâtre sur sa moitié antérieure.

De Laferté, l. c. var. *δ*.

Obs. La bande rouge des élytres est tantôt fine, apparente, tantôt très-réduite ou indistincte.

Var. *δ*. Prothorax entièrement noir, ainsi que tout le reste du corps. Pieds à peine moins obscurs à la base des cuisses.

De Laferté, l. c. var. *ε*.

A ce genre appartient l'espèce suivante, répandue dans diverses collections :

Formicomus ionicus ; Laferté.

Luisant ou brillant ; presque glabre ; entièrement d'un roux de sanguine, avec l'extrémité des antennes et les trois quarts aux deux tiers postérieurs des élytres noirs ou d'un noir brun : celles-ci, parées chacune vers le quart de leur largeur d'une bande transversale formée d'un duvet blanc.

Formicomus ionicus. Laferté, Monogr. des Anth. p. 81. 11.
Myrmecosoma ionicum. Truqui, Mem. Acad. di Torin. 1857. p. 346. 4.

Long. 0^m,0033 (1 l. 1/2). — Larg. 0^m,0011 (1/2 l.).

Patrie : la Grèce.

Genre *Leptaleus*, LEPTALÉE; Laferté.

Laferté. Monogr. des Anth. p. 106.

(λεπταλέος, étroit).

CARACTÈRES. *Dessous du corps* non garni de poils squammiformes. *Antennes* insérées à découvert. *Tête* ovalaire, subarrondie postérieurement; séparée du cou par un col très-distinct. *Prothorax* plus long que large; creusé vers les deux tiers ou un peu moins de sa longueur, d'un sillon transversal complet; fortement étranglé aux extrémités de ce sillon. *Elytres* tronquées ou faiblement échancrées en arc, en devant, jusqu'aux épaules; débordant la base du prothorax du tiers ou de la moitié de la largeur de chacune; à angle huméral à peu près rectangulairement ouvert, mais plus ou moins émoussé. *Cuisses* grêles à la base, renflées en massue à l'extrémité. *Mandibules* médiocrement arquées, peu saillantes en devant et sur les côtés; bifides à l'extrémité. *Palpes maxillaires* à dernier article sécuriforme ou cultriforme. *Menton* plus large que long, tronqué ou à peu près, en devant. *Palpes labiaux* à dernier article ovalaire. *Yeux* séparés du bord postérieur de la tête par un espace plus grand que leur diamètre longitudinal.

Les Leptalées ont comme les Tomodères, le prothorax fortement étranglé vers les deux tiers de sa longueur et creusé d'un sillon transversal entre ces points rétrécis; mais leur tête est visiblement séparée du prothorax par un col très-apparent.

1. **Leptaleus Rodriguii**; LATREILLE.

Tête noire; creusée d'une fossette occipitale. Yeux situés vers la moitié de ses côtés. Prothorax profondément étranglé vers les trois cinquièmes de ses côtés et comme formé de deux parties séparées par un sillon profond : l'antérieure subcordiforme, souvent obscure : la postérieure d'un roux testacé. Elytres noires ou d'un noir brun, parées chacune de deux bandes d'un flave testacé : l'antérieure, subhumérale, raccourcie au côté interne : la postérieure, aux trois cinquièmes, ordinairement transversale. Pieds d'un flave testacé, avec la massue des cuisses obscure.

♂ Dos de l'abdomen terminé par un pygidium court, obtusément tronqué à son extrémité.

♀ Dos de l'abdomen subarrondi ou obtusément anguleux à son extrémité, sans pygidium.

Notoxus Rodriguii. LATR., Hist. nat. t. X. p. 357. 12. — L. DUFOUR, Excurs. p. 71.

Anthicus pulchellus (DEJEAN). SCHMIDT, Stettin. Entom. Ziet. t. III. 1842. p. 195. 30. — LAFERTÉ, Ann. de la Soc. entom. de Fr. 1842. p. 28. — KUSTER, Kæf. Europ. XIII. 76.

Anthi[illegible] (*Leptaleus*). RODRIGUII, LAFERTÉ, Monog. d. Anth. p. 106. 2. — J. DU VAL, Gener. t. III. pl. 84. fig. 418.

Long. $0^m,0020$ à $0^m,0025$ (9/10 à 1/18). — Larg. $0^m,0007$ à $0^m,0008$ (1/3).

Corps allongé. *Tête* ovale; arrondie ou subarrondie postérieurement; creusée d'une fossette vers le milieu du bord postérieur; noire; brillante; parsemée de points enfoncés donnant chacun naissance à un poil fauve, relevé. *Palpes* ordinairement testacées à la base, obscurs à l'extrémité. *Antennes* testacées ou d'un rouge testacé à la base, obscures vers l'extrémité; hérissées de poils peu serrés. *Yeux* noirs; peu saillants; suborbiculaires, situés presque vers la moitié des côtés de la tête. *Prothorax* muni d'un goulot très-distinct; obtusément tronqué à sa base; muni à celle-ci d'un rebord et d'un sillon prébasilaires, très-étroits, faibles, et souvent peu apparents ou à peine indiqués; fortement ét anglé vers les trois cinquièmes de ses côtés, comme formé de deux parties séparées par un sillon transversal profond correspondant aux étranglements : la partie antérieure subcordiforme, plus large que longue, très-convexe : la partie postérieure un peu plus étroite, à peine élargie d'avant en arrière, moins longue que large, moins convexe; d'un tiers au moins plus long que large dans son diamètre transversal le plus grand, c'est-à-dire vers les deux septièmes de sa longueur; à peine ou à peu près aussi large dans ce point que la tête; sans ponctuation apparente; luisant ou brillant, ordinairement noir ou brun sur la partie antérieure, fauve ou d'un rouge testacé sur la postérieure; hérissé de poils clairsemés. *Ecusson* transverse; arqué en arrière postérieurement, obscur. *Elytres* tronquées à la base; débordant la base du prothorax du tiers ou des deux cinquièmes de la largeur de chacune; à angles huméraux presque rectangulairement ouverts, peu vifs ou un peu émoussés; subparallèles; subarrondis aux angles postérieurs; tronquées à l'extrémité; une fois environ plus longues que larges, prises ensemble; d'un tiers ou de moitié plus larges que le prothorax dans son diamètre transversal le plus grand; peu convexes ou subplaniuscules en dessus, avec les côtés un peu repliés ou inclinés en dessous: sans fossette humérale; brunes ou d'un brun noir luisant ou brillant; parées chacune de deux bandes d'un flave ou jaune testacé : l'antérieure, placée sous le calus huméral, liée au bord externe, transversalement étendue jusqu'à la moitié de leur longueur ou plus près de la suture : la 2e, moins développée dans le sens de sa longueur, située vers les trois cinquièmes ou un peu plus de leur longueur, liée à la suture, et transversalement étendue ordinairement jusqu'au bord externe; parsemées de points à peine apparents, donnant chacun naissance à un poil hérissé, fin, cendré ou grisâtre. *Dessous du corps* ordinairement testacé sur la poitrine; noirâtre sur le ventre. *Pieds* d'un testacé pâle ou d'un flave fauve, avec la massue des cuisses brune ou obscure.

Cette jolie espèce est principalement méridionale; mais on la prend aussi jusque dans le centre de la France. On la trouve ordinairement au pied des arbres, dans le sable ou sous les pierres.

Elle a été dédiée par Latreille, à Rodrigues, naturaliste de Bordeaux, qui en avait fait la découverte.

Obs. Elle offre des variations dans la couleur de sa robe. Chez les variétés par défaut la partie antérieure du prothorax est fauve ou d'un rouge testacé plus ou moins foncé, et la partie postérieure est d'un rouge flave ou testacé moins vif; la massue des cuisses est moins foncée. (Var. α.)

Chez les variations par excès, la partie antérieure du prothorax est noire; le ventre et la massue des cuisses d'une couleur plus obscure. (Var. β.)

Les bandes des élytres varient de teinte et d'étendue, l'antérieure souvent réduite à une sorte de tache transverse, s'étend parfois jusque près de la suture : la postérieure est souvent raccourcie au côté externe et même, quoique plus rarement du côté de la suture. (Var. γ.)

Genre *Anthicus*, ANTHICE ; Paykull.

Paykull, Faun. suec. t. I (1798). p. 253.

CARACTÈRES. *Dessus du corps* non garni de poils squammiformes. *Antennes* insérées à découvert ; grossissant plus ou moins sensiblement vers l'extrémité. *Tête* séparée du prothorax par un cou plus ou moins apparent, aplatie sur sa partie postépistomale, dont les côtés ne sont pas relevés. *Yeux* séparés du bord postérieur de la tête par un espace à peine égal à leur diamètre longitudinal. *Prothorax* muni en devant d'un goulot plus ou moins distinct ; offrant du cinquième au tiers de sa longueur sa plus grande largeur, plus ou moins rétréci vers les deux tiers, mais non creusé, entre ces points d'un sillon transversal complet. *Elytres* tronquées ou faiblement échancrées en arc, en devant ; débordant, aux épaules, la base du prothorax, du tiers ou de la moitié de la largeur de chacune.

Les Anthices se distinguent des Tomodères par leur tête séparée du cou par un cou apparent ; par ce dernier muni, en devant, d'un goulot plus ou moins distinct, dans lequel le cou est reçu. Ils s'éloignent des Formicomes, par leurs élytres non en ovale allongé, plus larges en devant que la base du prothorax ; des Leptalées, par leur prothorax non creusé d'un sillon transversal, vers les deux tiers de leur longueur.

Mais ils présentent, suivant les espèces, des modifications dans quelques-unes de leurs parties, qui font varier leur faciès d'une manière plus ou moins sensible.

Nous essayerons, pour rendre leur étude plus facile, de les partager de la manière suivante, quoique les espèces de chacun de ces groupes ne présentent pas toujours une conformation harmonique.

A. Tête arrondie à sa partie postérieure. Prothorax plus long que large, sinué et fortement rétréci vers les deux tiers de ses côtés. — 1re *Division*.

AA. Tête tronquée ou faiblement arquée en arrière à la partie postérieure.

B. Prothorax non creusé de chaque côté d'une fossette visible en dessus.

C. Prothorax planiuscule en dessus, sensiblement sinué vers le trois cinquièmes ou les deux tiers de ses côtés.

D. Tête arrondie ou subarrondie à ses angles postérieurs, et moins large au devant de ceux-ci que près des yeux. — 2e *Division*.

DD. Tête émoussée aux angles postérieurs et à peu près aussi large au devant de ceux-ci que près des yeux. — 3e *Division*.

CC. Prothorax convexe, surtout en devant.

E. Prothorax rétréci en ligne à peu près droite, depuis sa dilatation latérale, jusqu'à la base. — 4e *Division*.

EE. Prothorax sinué vers les deux tiers de sa longueur. — 5e *Division*.

BB. Prothorax creusé de chaque côté d'une fossette visible en dessus.

F. Prothorax plus long que large; muni d'un goulot apparent — 6e *Division*.

FF. Prothorax aussi large que long; à goulot nul ou peu distinct. — 7e *Division*.

1re *Division*. *Tête* arrondie à sa partie postérieure. *Prothorax* plus long que large, sinué et fortement vers les deux tiers de ses côtés (S.-G. *Cyclodinus*).

α Prothorax fortement étranglé vers les deux tiers, au moins, en partie creusé d'un sillon transversal peu profond entre ces points rétrécis. Dessous du corps au moins en partie d'un rouge testacé. — *Humilis*.

αα Prothorax moins fortement étranglé, vers les deux tiers, et à peine déprimé entre ces points rétrécis. Dessous du corps noir ou d'un noir brun luisant. — *Longipilis*.

1. **Anthicus humilis**; GERMAR.

Dessus du corps garni d'une pubescence fine d'un cendré grisâtre;

pointillé sur la tête et le prothorax, moins finement pointillé sur les élytres; parfois entièrement d'un roux testacé, ordinairement noirâtre sur la tête et sur le lobe antérieur du prothorax, plus clair sur le second. Elytres brunes ou d'un brun noir, parfois sans taches, ordinairement marquées chacune de deux bandes raccourcies d'un flave testacé : l'antérieure subhumérale, inclinant en dedans : la seconde, vers les trois cinquièmes, obliquant en sens inverse. Tête arrondie postérieurement. Prothorax étranglé vers les deux tiers et creusé d'un sillon transversal très-marqué. Base des antennes, tibias et tarses, d'un roux ou d'un fauve testacé.

♂ Dernier segment du dos de l'abdomen, tronqué.

♀ Dernier segment du dos de l'abdomen terminé en pointe.

Anthicus humilis. GERMAR, Faun. ins. Europ. fasc. 10. pl. 6. — STEPH, Illust. t. V. p. 75. — Id. Man. p. 342. 2679. — SCHMIDT, Stettin. Entom. Zeit. t. III. 1842. p. 188. 28. — LAFERTÉ, Monogr. des Anth. p. 126. 26. — KUSTER, Kæf. Europ. XVI. 79. — L. REDTENB, Faun. austr. 2e édit. p. 639. — BACH, Kæferf. t. III. p. 285. 6.
Anthicus riparius (DEJEAN). Catal. 1837. p. 238.

Long. 0m,0022 à 0m,0025 (1 l. à 1/6). — Larg. 0m,0007 à 0m,0009 (1/3 l. à 2/5).

Corps allongé. *Tête* ovale; arrondie ou d'autres fois obtusément en ogive à sa partie postérieure, ou chargée d'une carène très-légère qui la fait paraître en ogive; médiocrement convexe; noirâtre; marquée de points assez fins et assez rapprochés, donnant chacun naissance à un poil fin, couché, d'un cendré grisâtre, constituant une pubescence peu serrée et souvent faiblement apparente. *Palpes* roussâtres. *Antennes* un peu plus longuement prolongées que la base du prothorax; épaissies vers l'extrémité; d'un roux testacé avec les derniers articles obscurs ou noirâtres; hérissées de poils assez serrés; à 2e article plus court que le 3e : les 2e à 4e subcylindriques, plus longs que larges : les 5e, 6e et 7e obconiques, d'abord plus longs que larges : les 9e et 10e cupiriformes, et au moins aussi larges que longs : le dernier conique, un peu renflé à la base, environ une fois plus long que large. *Yeux* noirs; ovales, un peu écointés à leur partie antéro-interne. *Prothorax* muni en devant d'un goulot distinct; tronqué ou à peine arqué en arrière à la base; muni à celle-ci d'un rebord très-étroit, très-léger, peu apparent, précédé d'une ligne transversale très-fine; assez fortement étranglé vers les deux tiers de ses côtés et comme formé de deux parties séparées par un sillon transversal : la partie antérieure, inégalement arrondie sur les côtés, élargie en ligne courbe sur sa moitié antérieure, retrécie en ligne presque droite sur la postérieure, un peu plus large que la tête, convexe : la seconde, plus étroite, transverse, un peu élargie postérieurement, et ordinairement comme chargée de deux faibles tubercules; d'un tiers environ plus long que large dans son diamètre transversal le plus grand, c'est-à-dire vers le quart de sa longueur; d'un brun foncé, ou d'un brun de poix, avec la partie basilaire ordinairement moins obscure, fauve ou d'un fauve testacé; peu luisant; marqué de points assez rapprochés comme ceux de la tête, et garni d'une pubescence plus apparente. *Ecusson* triangulaire; brun. *Elytres* tronquées (♂) ou faiblement échancrées en arc à leur partie antérieure (♀); émoussées aux angles huméraux; ovales-oblongues, faiblement élargies dans leur milieu, subarrondies aux angles postérieurs, obtusément tronquées à l'extrémité; une fois environ plus longues que larges, prises ensemble; peu convexes sur le dos; marquées de points sensiblement moins petits et moins rapprochés que ceux du prothorax, et donnant aussi naissance à un poil cendré, grisâtre, fin et couché; munies postérieurement d'un rebord sutural peu saillant; à fossette humerale à peine indiquée; déprimées transversalement vers le cinquième de leur longueur; subcalleuses près de l'écusson; ordinairement brunes ou d'un brun de poix; parées chacun dans leur état normal de deux taches ou bandes raccourcies d'un fauve jaunâtre ou testacé : l'antérieure, naissant au-dessous de l'angle huméral, obliquement dirigée vers la suture qu'elle n'atteint pas : la seconde, naissant près de la suture, des deux tiers aux trois quarts de leur longueur, et dirigée un peu obliquement en arrière vers son bord externe qu'elle n'atteint pas ordinairement. *Dessous du corps* testacé sur l'antépectus, brun ou noir sur les médi et postpectus, noir et luisant sur le ventre; brièvement pubescent. *Pieds* d'un testacé pâle; cuisses nébuleuses ou brunâtres : les antérieures, en massue comprimées : les autres, faiblement renflées.

Cette espèce est une des plus répandue; elle paraît rechercher exclusivement les bords de la mer, des marais salants ou des lacs salés. On la trouve principalement aux pieds des *salicornia* et autres plantes marines.

Obs. Peu d'espèces, comme l'a très-bien fait observer M. le marquis de Laferté, présentent des variations plus nombreuses dans la couleur du dessus du corps.

Variations (par défaut.)

Var. α. Entièrement d'un rouge ou d'un jaune testacé.

Anthicus humilis. LAFERTÉ, l. c. Var. *d.*

Var. β. D'un rouge jaunâtre ou testacé : Elytres ornées d'une bande apicale et d'une autre transversale un peu oblique, vers les quatre septièmes de leur largeur, noires.

Anthicus Bremei. LAFERTÉ, Ann. de la Soc. entom. d. Fr. t. XI (1842). p. 252. pl. 10. fig. 3 et 4. — TRUQUI, Mém. d. Accad. di Torin. 1857. p. 354. 10.
Anthicus humilis. LAFERTÉ, Monogr. l. c. Var. *c.*

Var. γ. Semblable à la précédente, mais offrant de plus une tache scutellaire noire.

Var. δ. Elytres d'un brun de poix plus ou moins pâle, marquées de taches plus grandes que dans l'état normal.

LAFERTÉ, l. c. Var. *b.*

Obs. Dans cette variation qui se rapproche plus ou moins de l'état normal, la coloration générale du corps est plus pâle. La tête est souvent d'un fauve ou rouge ferrugineux; le prothorax en partie ou en totalité de même couleur; le dessous du corps rougeâtre au moins sur la poitrine.

Variations (par excès).

Var. ε. D'une teinte généralement plus foncée que dans l'état normal. Taches antérieures plus ou moins visibles : les postérieures indistinctes.

Laferté, l. c. Var. β.

Var. ζ. Teinte d'un brun foncé; taches antérieures des élytres indistinctes : les postérieures plus ou moins apparentes, et parfois réduites à une tache commune.

Laferté, l. c. Var. β.

Var. μ. Elytres entièrement brunes ou noirâtres.

Obs. Dans cette variation, les antennes montrent leur partie testacée basilaire plus ou moins restreinte; la tête et le prothorax sont d'un brun plus ou moins foncé, ainsi que le dessous du corps; les pieds sont tantôt de couleur normale, tantôt obscurs, ou bruns, avec les tarses seuls d'un testacé pâle.

2. **Anthicus longipilis**; Brisout.

Dessus du corps garni d'une pubescence et de poils hérissés plus longs, d'un cendré grisâtre; noir ou d'un noir brun, luisant ou mi-brillant. Tête arrondie postérieurement. Prothorax d'un quart plus long que large; arrondi en devant jusqu'au quart, rétréci ensuite en ligne presque droite jusqu'aux trois cinquièmes, puis un peu élargi et subtuberculeux postérieurement; à peine déprimé sur sa partie étranglée; rebordé à la base; pointillé. Elytres ovales-oblongues; fortement ponctuées; obliquement tronquées à l'extrémité. Base des antennes, tibias et tarses d'un roux ou fauve testacé.

Anthicus longipilis. Brisout, Catal. des Coléopt. de Fr. par M. le docteur Genier, (1863). p. 89. 108.

Long. $0^m,0022$ à $0^m,0025$ (1 l. à 1 l. 1/6). — Larg. $0^m,0007$ à $0^m,0009$ (1/3 l. à 2/8).

Corps allongé. *Tête* ovale; arrondie postérieurement; médiocrement convexe; noire, luisante; marquée de points assez fins et assez rapprochés, donnant chacun naissance à un poil fin, couché, d'un cendré grisâtre, constituant une pubescence peu serrée. *Palpes* d'un roux fauve. *Antennes* à peine aussi longuement ou un peu moins longuement prolongées que la base du prothorax; renflées vers l'extrémité; d'un fauve testacé, avec les derniers articles ordinairement obscurs; hérissées de poils fins, assez serrés; à 2e article plus court que le 3e : les 2e à 4e articles allongés; subcylindriques: les 5e à 7e obconiques, plus longs que larges: le 8e submoniliforme; les 9e et 10 cupriformes, à peine aussi longs que larges à l'extrémité; le dernier, subconique, renflé ou ovalaire à la base, acuminé à l'extrémité, de moitié à peine plus long que large. *Yeux* ovales; noirs; médiocrement saillants. *Prothorax* muni en devant d'un goulot apparent, mais court; tronqué ou faiblement arqué en arrière à la base; muni à celle-ci d'un rebord très-étroit, très-léger, peu apparent, précédé d'une ligne transversale très-fine; arrondi aux angles antérieurs jusqu'au quart de sa longueur, rétréci ensuite en ligne presque droite jusqu'aux trois cinquièmes ou un peu plus, assez fortement étranglé dans ce point, puis graduellement un peu élargi ou renflé jusqu'à sa base : cette partie, moins large que l'antérieure; à peine déprimé entre ses étranglements latéraux; à peine aussi large ou un peu moins large dans son diamètre transversal le plus grand, c'est-à-dire vers le quart de sa longueur que la tête; d'un quart ou d'un cinquième plus long que large; plus convexe sur sa partie antérieure que sur la postérieure; marqué d'une légère dépression obliquement longitudinale, naissant vers chaque étranglement latéral et dirigé vers le quart externe de la base : cette dépression faisant paraître l'espace compris entre elle et chaque angle latéral comme chargé d'un léger calus; noir, luisant; marqué de points moins fins et un peu plus rapprochés que ceux de la tête, et garni d'une pubescence à peu près aussi fine. *Ecusson* petit, triangulaire, noir. *Elytres* un peu échancrées en arc à la base; un peu émoussées à l'angle huméral; ovales-oblongues, faiblement élargies dans leur milieu; arrondies à leur angle postéro-externe; obliquement tronquées chacune à l'extrémité; une fois environ plus longues que larges, prises ensemble; peu convexes sur le dos, sans fossette humérale; légèrement déprimées transversalement vers le cinquième de leur longueur; noires, luisantes, parfois brunâtres postérieurement; marquées en devant de points plus gros et plus prononcés que ceux du prothorax, affaiblis postérieurement; ces points donnent chacun naissance à un poil d'un cendré grisâtre couché, et à des poils hérissés, clairsemés. *Dessous du corps* noir; finement ponctué sur la poitrine, ruguleux ou presque lisse sur le ventre. *Pieds :* cuisses noires ou noirâtres : tibias et tarses d'un fauve testacé plus ou moins clair ou obscur.

Cette espèce paraît principalement méridionale. Elle a été prise à Collioures, par feu Delarouzée, de qui nous l'avons reçue, et dans les environs de Béziers, par M. le docteur Grenier.

Elle semble peu différente de l'*A. lucidulus*, de M. de Laferté, et peut-être se rattache-elle à ce dernier.

Obs. Elle a quelque analogie avec l'*A. humilis*. Elle se distingue des variétés obscures de celui-ci par une couleur généralement plus noire; par des antennes ordinairement à peine ou un peu moins longuement prolongées que la base du prothorax; par ses élytres obliquement tronquées à l'extrémité, au moins chez la ♀; plus fortement ponctuées; garnies d'une pubescence un peu plus longue, et surtout par son prothorax moins fortement étranglé et à peine déprimé transversalement entre son lobe antérieur et sa partie postérieure, au lieu d'être muni d'un sillon transverse très-marqué.

2e *Division*. Tête tronquée ou faiblement arquée en arrière à sa partie postérieure, arrondie ou subarrondie aux angles postérieurs et sensiblement plus étroite au devant de ceux-ci que près des yeux. Prothorax planiuscule; non creusé, de chaque côté, d'une fossette visible en dessus; sensiblement sinué vers les trois cinquièmes ou les deux tiers de ses côtés (S.-G. *Nodolinus*).

1er *Groupe*. Prothorax d'un quart environ plus long sur sa ligne médiane que large dans son diamètre transversal le plus grand, arrondi sur les trois cinquièmes de ses côtés, plus étroit et sinué après cette partie arrondie.

α Tête, prothorax et pieds, d'un roux testacé ou d'un testacé pâle.

β Elytres ovalaires, d'un roux testacé pâle à la base, brunes sur le reste de leur surface. 3. *Minutus*.

ββ Elytres ovales-oblongues d'un roux testacé, parées de trois bandes transversales noires : la 1re basilaire : la 2e couvrant du cinquième ou du quart à plus de la moitié : la 3e apicale, 4. *Optabilis*.

αα Tête, prothorax et cuisses noirs. Elytres presque parallèles, noires, parées chacune de deux taches ou bandes raccourcies couleur de chair. 5. *Longicollis*.

2e *Groupe*. Prothorax d'un quart environ plus long sur sa ligne médiane que large dans son diamètre transversal le plus grand ; rétréci graduellement jusqu'aux deux tiers de ses côtés, faiblement élargi ensuite.

α Cuisses arquées sur leur tranche antérieure, ordinairement obscures au moins en partie. Elytres d'un fauve testacé, parfois sans taches, ordinairement parées d'une bande suturale, d'une bande transversale médiaire et d'une apicale brune ou noire. 6. *Tibialis*.

αα Cuisses grêles.

β Elytres testacées, parées d'un rebord sutural et d'une tache ponctiforme, noirs : la tache, située près du bord externe, vers les quatre septièmes de leur longueur et parfois transformée en bande. 7. *Gracilis*.

ββ Elytres d'un flave testacé sur leur moitié antérieure, ensuite marquées sur leur bord externe d'une bande courte, noire ou brune, prolongée en arrière vers la suture 8. *Schmidti*.

3e *Groupe*. Prothorax à peine plus long sur sa ligne médiane que large dans son diamètre transversal le plus grand. Yeux séparés du bord postérieur de la tête par un espace notablement moins grand que leur diamètre transversal le plus grand. Elytres de deux tiers à peine plus longues que larges réunies, ordinairement parées chacune d'un point noir ou brun sur le disque (S.-G. *Platylorus*). 9. *Bimaculatus*.

3. **Anthicus minutus**; Laferté.

Dessous du corps ordinairement d'un roux testacé sur la tête, le prothorax et la base des élytres, noir ou noirâtre sur le reste de celles-ci; luisant; garni d'une pubescence d'un cendré grisâtre, plus apparente sur les élytres. Tête obtusément arrondie postérieurement, un peu moins large au devant de ses angles postérieurs subarrondis que près des yeux. Prothorax d'un cinquième plus long que large; arrondi sur les trois cinquièmes antérieurs de ses côtés, à peine élargi depuis son rétrécissement jusqu'à la base, rebordé à celle-ci, à peine déprimé sur sa partie étranglée. Antennes et pieds d'un roux testacé.

♂ Dos de l'abdomen tronqué ou à peine échancré à son extrémité. Antennes prolongées environ jusqu'à la moitié du corps. Elytres proportionnellement plus étroites, moins sensiblement élargies, arquées en arrière chacune à l'extrémité. Tarses postérieurs aussi larges que le tibia.

♀ Dos de l'abdomen obtusément anguleux et sans pygidium à l'extrémité. Antennes à peine plus longuement prolongées que la base du prothorax. Elytres proportionnellement moins étroites, en ligne plus courbe sur les côtés, plus obliquement tronquées à l'extrémité. Tarses postérieurs à peine aussi longs ou moins longs que le tibia.

Anthicus minutus. Laferté, Ann. de la Soc. entom. de Fr. t. XI. 1842. p. 265. pl. 10. fig. 5. — Id. Monog. des Anth. p. 133. 34.
Anthicus sordous. Schmidt, Stett. entomolog. Zeit. t. III. 1842. p. 175. 15. — Kuster, Kæf. Europ. XVI. 76.

Long. 0m,0018 à 0m,0020 (4/5 l. à 9/10 l.). — Larg. 0m,0007 (1/3 l.).

Corps allongé. *Tête* ovale; subarrondie postérieurement; médiocrement convexe; d'un rouge ou fauve testacé; marquée de points petits et peu rapprochés; garnie d'une pubescence fine et clairsemée d'un cendré grisâtre; hérissée de quelques poils obscurs. *Palpes* et *Antennes* d'un flave testacé: celles-ci un peu épaissies vers l'extrémité; brièvement pubescentes : à 2e article plus court que le 3e : les 3e à 5e subcylindriques, allongés : les 6e et 7e obconiques, un peu plus longs que larges : le 8e submoniliforme : les 9e et 10e cupriformes, à peine aussi longs ou moins longs que larges à l'extrémité : le dernier ovoïde, rétréci en cône dans la seconde moitié, de moitié plus long que large. *Yeux* noirs ; ovales ; médiocrements saillants. *Prothorax* muni en devant d'un goulot très-apparent ; tronqué ou faiblement arqué en arrière à la base ; muni à celle-ci d'un rebord assez visible, précédé d'une ligne transversale assez fine ; fortement élargi en ligne courbe vers la partie antérieure de ses côtés jusqu'aux deux septièmes, rétréci ensuite en ligne moins courbe jusqu'aux deux tiers de sa longueur, assez fortement étranglé dans ce point, puis à peine ou faiblement élargi jusqu'à la base ; à peine moins large dans son diamètre transversal le plus grand, c'est-à-dire vers les deux septièmes de sa longueur, que la tête ; d'un quart ou d'un cinquième plus long que large ; offrant parfois près de son bord postérieur deux très-légères saillies le plus souvent indistinctes ; assez souvent sur la partie antérieure ; d'un roux testacé ; marqué de points assez rapprochés, plus légers ou plus petits en devant que sur la seconde moitié ; garni d'une pubescence cendrée fine, peu apparente ; hérissé de quelques poils obscurs. *Ecusson* triangulaire, très-petit ; d'un roux fauve. *Elytres* tronquées ou échancrées en arc à leur base ; émoussées aux épaules ; ovales-oblongues, faiblement élargies vers la moitié de leur longueur ; subarrondies aux angles postéro-externes ; arquées en arrière chacune (♂), ou obtusément et obliquement tronquées à l'extrémité (♀) ; une fois environ plus longues que larges, prises ensemble ; médiocrement ou peu fortement convexes sur le dos ; marquées de points moins petits et aussi rapprochés que ceux du prothorax ; sans fossette humérale : sans dépression transverse postscutellaire ; d'un roux testacé à la base et souvent près de la suture sur leur seconde moitié, d'une couleur brune ou noirâtre et peu nettement limitée, sur le reste ; garnie d'une pubescence d'un cendré grisâtre, moins courte et plus apparente que celle du prothorax ; hérissées de quelques poils obscurs. *Dessous du corps* d'un rouge ou roux testacé sur la poitrine ; noir ou noirâtre et luisant sur le ventre. *Pieds* d'un roux testacé ou d'un roux testacé un peu pâle : cuisses antérieures en massue; les intermédiaires moins fortement : les postérieures médiocrement renflées.

Cette espèce, comme l'*A. humilis* est principalement méridionale et, comme celui-ci, recherche le voisinage des mers ou des eaux salées.

Obs. Quand la matière colorante a été moins abondante, la couleur d'un roux testacé des élytres se prolonge davantage en arrière.

Variations (par défaut).

Var. α. Parfois la partie noire ou noirâtre des élytres est réduite à une sorte de tache plus ou moins étendue sur les côtés de la seconde moitié.

LAFERTÉ, l. c. Var. *b*.

Var. β. Ou même ses côtés sont seulement légèrement plus foncés que le reste.

LAFERTÉ, l. c. Var. *c*.

Variations (par excès).

Var. γ. Quand au contraire la matière colorante a pris un plus grand développement, la partie d'un roux testacé est plus ou moins restreinte, et la tête et le prothorax se montrent plus rembrunis.

LAFERTÉ, l. c. Var. β.

4. **Anthicus optabilis**; LAFERTÉ.

Suballongé; à peine pointillé, garni en dessus de poils cendrés longs; médiocrement épais, assez grossiers. Tête et Prothorax d'un rouge roux : la première, obtusément tronquée en arrière, arrondie aux angles postérieurs et un peu moins larges au devant de ceux-ci que près des yeux : le second, d'un quart plus long que large, arrondi sur les trois cinquièmes antérieurs de ses côtés et plus étroit que la tête. Elytres en angle ouvert et arrondi aux épaules ; une fois au moins plus longues que larges réunies ; d'un brun noir, parées de deux bandes transversales d'un rouge roux : la 1re, près de sa base : la 2e, des quatre septièmes presque aux trois quarts. Antennes et Pieds d'un rouge roux : les antennes noires sur les trois ou quatre derniers articles

Anthicus optabilis. LAFERTÉ, Monogr. d. Anth. p. 187. 94.

Long. 0m,0028 à 0m,0033 (1 l. 1/4 à 1 l. 1/2). — Larg. 0m,0007 à 0m,0008 (1/3 l.)

Corps suballongé. *Tête* obtusément tronquée à sa partie postérieure ; arrondie aux angles postérieurs et un peu moins large au devant de ceux-ci que près des yeux ; un peu plus longue que large ; d'un rouge roux ; marquée de points petits et peu serrés donnant chacun naissance à un poil d'un cendré grisâtre, presque couché. *Antennes* sensiblement plus épaissies vers l'extrémité, presque aussi longuement prolongées que la moitié du corps ; pubescentes ; d'un rouge roux, avec les trois ou quatre derniers articles obscurs ou noirs : les 2e à 10e plus longs que larges : le 2e plus court, ovalaire : les 3e à 10e élargis vers leur extrémité, en partie presque noueux à celle-ci : le 11e, une fois au moins plus long que large, appendicé. *Yeux* ovales, noirs ; séparés du bord postérieur de la tête par un espace presque égal à leur diamètre longitudinal. *Prothorax* muni d'un goulot court ; un peu arqué en arrière et muni d'un rebord assez faible à la base ; arrondi sur les côtés sur ses trois cinquièmes antérieurs et moins large que la tête dans son diamètre transversal le plus grand, c'est-à-dire vers la fin de sa longueur ; rétréci vers les trois cinquièmes et laissant parfois voir un peu en dessus son sillon latéral ; subparallèle sur les deux derniers cinquièmes ; d'un quart au moins plus large que long ; médiocrement convexe ; d'un rouge roux ; marqué de points très-petits, rendus indistincts par les poils cendrés et couchés auxquels ils donnent naissance. *Ecusson* d'un rouge roux. *Elytres* un peu échancrées en arc en devant ; d'un tiers à peine plus larges à la base que le prothorax ; arrondies aux épaules qui sont médiocrement saillantes ; graduellement et faiblement élargies ensuite vers la moitié de leur longueur, obliquement tronquées à l'extrémité; une fois au moins plus larges que longues, prises ensemble; médiocrement convexes sur le dos; sans fossette humérale, sans dépression transverse; d'un brun noir; parées chacune de deux bandes transverses d'un rouge roux : la 1re, du 10e basilaire au quart de leur longueur, un peu dirigée en arrière vers la suture : la 2e, des quatre septièmes presque aux trois quarts, un peu plus avancée du côté de la suture; à peine pointillées; garnies de poils cendrés, assez grossiers, mi-couchés. *Dessous du corps* d'un rouge roux ou rougeâtre, sur la poitrine. *Ventre* noir, ou seulement sur la seconde moitié des arceaux. *Pieds* d'un rouge roux, pubescents.

Cette jolie espèce a été trouvée par M. Reiche, dans les environs de Nice. L'exemplaire qui a servi de type à la description de M. le marquis de Laferté Sénectère, nous a été obligeamment communiqué par M. le baron Henri de Bonvouloir.

Obs. Cette espèce, comme les deux précédentes, se rapproche un peu des Formicomes, par ses élytres ovalaires, à épaules plus effacées et en angle plus ouvert que chez les espèces suivantes.

5. **Anthicus longicollis**; SCHMIDT.

Pubescent; finement ponctué; noir ou d'un noir brun, en dessus. Tête arrondie aux angles postérieurs et plus étroite que près des yeux; marquée d'un sillon occipital. Prothorax d'un quart plus long que large, arrondi sur les trois cinquièmes antérieurs de ses côtés, sinué ensuite et faiblement élargi vers la base. Elytres presque rectangulaires aux épaules, subparallèles, une fois plus longues que larges, réunies; parées chacune de deux taches couleur de chair ou d'un rose pâle : l'antérieure, au cinquième, en triangle élargi : la postérieure, vers les deux tiers ou trois quarts, en forme de bande transverse, raccourcie à ses extrémités et obliquement un peu en arrière extérieurement. Antennes et cuisses brunes : tibias et tarses d'un rouge testacé pâle.

♂ Cuisses antérieures armées d'une dent vers la partie basilaire de leur tranche inférieure.

♀ Cuisses antérieures internes.

Anthicus transversalis. VILLA, Coleopt. Eur. dup. (1833). p. 35. 28.
Anthicus longicollis. SCHMIDT, Stettin. Entom. Zeit. t. III. p. 130. *b.* — LAFERTÉ, Monogr. d. Anth. p. 186. 92. — KUSTER, Kaef. Europ. XVIII. 62. — TRUQUI, Mém. accad. di Torin. 1857. p. 358. 15.

Long. 0m,0035 à 0m,0039 (1 l. 3/5 à 1 l. 3/4). — Larg. 0m,0011 à 0m,0014 (1/2 l. à 2/3 l.).

Corps allongé. *Tête* subarrondie, à peine aussi large que longue; échancrée ou presque tronquée postérieurement; arrondie aux angles postérieurs, un peu moins large au devant de ces angles que près des yeux; creusée d'un sillon occipital plus ou moins prononcé; médiocrement convexe; d'un brun de poix noirâtre; finement ponctuée et garnie d'une pubescence d'un cendré grisâtre. *Antennes* sensiblement renflées vers l'extrémité; à peine ou faiblement plus longuement prolongées que la base du prothorax; d'un brun foncé; hérissées de poils cendrés: court; à 2e article court : les 3e à 7e allongés, graduellement renflés vers le sommet : le 7e plus sensiblement : les 8e et 10e à peine plus longs que larges, à côtés curvilignes : le dernier, parallèle sur plus de sa moitié basilaire, retréci en pointe, postérieurement. *Yeux* ovales, noirs; séparés des angles postérieurs par un espace égal environ à la moitié de leur diamètre longitudinal. *Prothorax* muni en devant d'un goulot apparent; tronqué à la base et muni d'un rebord aplati précédé d'une raie transversale; dilaté et arrondi vers la partie antérieure de ses côtés; offrant aux deux septièmes ou au tiers sa plus grande largeur, sensiblement moins large dans ce point que la tête; rétréci ensuite jusqu'aux trois cinquièmes ou deux tiers; d'un sixième environ plus étroit dans ce point que dans son diamètre transversal le plus grand; faiblement élargi ensuite jusqu'à la base; d'un tiers environ plus long que large; d'un brun noir; luisant; finement ponctué et pubescent comme la tête. *Ecusson* en triangle aussi large que long; brun noir. *Elytres* tronquées à la base; peu émoussées à l'angle huméral qui est rectangulaire; sensiblement, mais faiblement élargies vers la moitié de leur longueur ou un peu après, arrondies à la partie postéro-externe, en ligne courbe jusqu'à l'angle sutural; une fois au moins plus longues que larges; médiocrement convexes; offrant parfois une fossette humérale déprimée et creusée d'une fossette scutellaire ovalaire, assez grande; marquées chacune d'une dépression un peu obliquement transverse, vers le cinquième de leur longueur; un peu moins finement ponctuées que sur le prothorax; garnies d'une pubescence cendrée ou cendré grisâtre plus claire; d'un noir brun ou d'un brun de poix; parées chacune de deux taches presque couleur de chair ou d'un rose pâle; n'atteignant ordinairement ni le bord externe, ni la suture: l'antérieure, sur la dépression transverse, plus développée de dedans en dehors: la 2e, vers les deux tiers ou presque trois quarts, en parallélogramme transverse une fois plus large que longue, extérieurement un peu dirigée en arrière. *Dessous du corps* noir, luisant. *Pattes* assez allongées: cuisses noires, en totalité ou en partie: tibias et tarses d'un rouge testacé pâle ou rosat. *Cuisses* noires, les antérieures faiblement renflées.

Cette espèce paraît être principalement méridionale. On la trouve, dans les environs de Lyon et surtout plus au midi, sur les bords du Rhône.

Obs. Les cuisses et tibias postérieurs sont parfois d'une teinte obscure.

6. **Anthicus instabilis**; Schmidt.

Dessus du corps pubescent et assez densement ponctué. Tête obtusément arquée en arrière et sans sillon occipital, ordinairement moins large au devant des angles postérieurs subarrondis que près des yeux; le plus souvent brune. Prothorax d'un cinquième au moins plus long que large, offrant vers le quart sa plus grande largeur, subarrondi ou subanguleux dans ce point, rétréci ensuite jusqu'aux trois quarts; légèrement rebordé à la base; ordinairement fauve sur le disque, noirâtre sur les côtés; Elytres à peine munies postérieurement d'un rebord sutural; testacées, parfois sans taches, ordinairement avec la suture, les côtés, une bande transversale vers les quatre septièmes et une bordure apicale, noirâtres. Antennes et partie des pieds d'un roux livide ou testacé: cuisses ordinairement en partie obscures; arquées sur leur tranche.

♂ Tarses antérieurs fortement dilatés en triangle depuis le quart ou le tiers de leur longueur jusqu'à l'extrémité, avec l'angle postéro-inférieur subarrondi. Dernier segment du dos de l'abdomen tronqué.

♀ Tibias postérieurs simples. Dernier segment de l'abdomen en pointe mousse.

Anthicus instabilis (HOFFMANSEGG) (DEJEAN), Catal. (1833). p. 217. — Id. (1837). p. 238. — SCHMIDT, Stet. Entom. Zeit. t. III. (1842). p. 184. 25. — LAFERTÉ, Ann. de la Soc. entom. de Fr. t. XI. p. 259. pl. 10. fig. 7. — KUSTER, Kæf. Europ. XIII. 74.
Anthicus tibialis. CURTIS, Brit. Entom. . XV (1838). n° 714. — STEPH., Man. p. 342. 2,681. — LAFERTÉ, Monogr. des Anth. 105. 67.

Long. 0m,0028 à 0m,0033 (1/4 l. à 1 l. 1/2). — Larg. 0m,0008 à 0m,0010 (2/5 l. à 1/2).

Corps allongé. *Tête* subarrondie ; aussi longue que large; parfois tronquée postérieurement, arquée ordinairement en arrière ou subarrondie; à angles postérieurs indiqués, mais subarrondis ; ordinairement moins large à ceux-ci que près des yeux, quelquefois aussi large; sans sillon occipital; peu convexe, densement ponctuée; peu pubescente, ordinairement brune, peu luisante, parfois fauve ou d'un fauve testacé. *Labre* et *Palpes* d'un fauve testacé. *Antennes* assez grêles, sensiblement mais faiblement renflées vers l'extrémité ; prolongées jusqu'à la moitié du corps (♂) ou un peu moins (♀); d'un roux fauve livide, hérissées de poils peu épais ; à 2e article le plus court : les 3e à 5e peu élargis de la base à l'extrémité : les 6e, 7e et 8e plus sensiblement : le 9e obtriangulaire : le 10e à peine plus long (♂) ou pas plus long (♀) que large : le dernier ovoïdo-conique, près d'une fois plus long que large. *Yeux* ovales ; noirs, médiocrement saillants, séparés des angles postérieurs par un espace à peine plus grand que les deux tiers de leur diamètre longitudinal. *Prothorax* muni en devant d'un goulot très-apparent ; un peu arqué en arrière de la base ; muni à celle-ci d'un rebord très-apparent, précédé d'une raie transversale ; dilaté et un peu obtusément anguleux vers la partie antérieure de ses côtés; offrant vers le quart de sa longueur sa plus grande largeur, rétréci ensuite jusqu'à la base, en formant une sinuosité vers les deux tiers de sa longueur; d'un quart ou d'un tiers plus étroit dans ce point que dans son diamètre transversal le plus grand; à peu près aussi large à ce dernier que la tête; d'un cinquième environ plus long que large; peu convexe; densement ponctué et à peine pubescent; ordinairement fauve sur le disque, noirâtre sur les bords. *Ecusson* très-petit; en triangle au moins aussi long que large; obscur. *Elytres* un peu échancrées en arc à la base; émoussées aux épaules; ovales-oblongues; sensiblemement élargies vers la moitié de leur longueur, arrondies à leur partie postéro-externe, obliquement tronquées à l'extrémité; une fois plus longues que larges; très-peu convexes; sans fossette humérale, à peu près sans traces de dépression transverse; munies, à partir de la moitié de leur longueur, d'un rebord sutural peu marqué; marquées de points un peu plus gros que ceux du prothorax, donnant naissance à une pubescence fine, couchée, luisante, peu épaisse, d'un testacé livide; d'un roux ou fauve testacé, luisant; ordinairement parées d'une bordure suturale et chacune d'une bordure externe, d'une bande transversale située vers les quatre septièmes de leur longueur et d'une bande apicale, noirâtres, peu prononcées, à limites souvent vagues ou indécises, et quelquefois à peine marquées. *Dessous du corps* brun ou noir luisant. *Pieds* d'un roux livide : cuisses arquées sur leur tranche externe, mais non en massue.

Cette espèce habite les zones tempérées et surtout méridionales. Elle n'est pas rare dans les environs de Lyon. On la trouve au pied des plantes, dans les débris des végétaux, dans les haies; on l'obtient souvent en battant les fagots entassés dans les bois.

Aucune autre espèce n'offre plus de variations dans la couleur de sa robe.

Variations (par défaut.)

Var. α. Dessus du corps d'un blond testacé livide, ou d'un livide tirant sur le testacé, moins pâle sur la tête et sur le prothorax que sur les élytres.

Anthicus tibialis. Laferté, l. c. Var. *d*.

Var. β. Elytres d'un roux ou fauve testacé, sans taches bien apparentes.

Obs. La tête et le prothorax sont variablement fauves ou noirâtres.

LAFERTÉ. l. c. Var. *c*.

Var. δ. Elytres d'un roux ou fauve testacé, n'offrant que des vestiges des parties noires indiquées.

Obs. Quelquefois la matière colorante noire s'est portée sur la moitié postérieure, rend cette partie plus obscure et peu distincte, la tache foncière de chacune, enclose par les bandes et par les bordures.

LAFERTÉ. l. c. V. *b*.

Variations (par excès).

Var. γ. Elytres offrant de plus que dans l'état normal leur seconde moitié obscure, voilant ou laissant faiblement apparaître les deux taches foncières postérieures.

Obs. La tête et le prothorax sont variablement fauves ou noirâtres; les cuisses offrent aussi souvent cette teinte sombre, au moins sur leur tranche externe.

LAFERTÉ. l. c. Var. β et γ.

Var. ε. Elytres entièrement noirâtres.

Obs. La tête et le prothorax sont ordinairement obscurs ou noirâtres, mais parfois d'une teinte moins foncée. Les pattes sont variablement d'un roux testacé ou en partie, ou presque en totalité noirâtres.

Walt avait donné avant Curtis le nom de *tibialis* à une autre espèce.

7. **Anthicus gracilis**; PANZER.

Allongé. Tête et prothorax variablement testacés ou obscurs ; densement ponctués, presque glabres : la tête, obtusément arrondie postérieurement, moins large au devant des angles postérieurs subarrondis que près des yeux, sans sillon occipital : le prothorax offrant vers le quart sa plus grande largeur, rétréci ensuite, rebordé à la base. Elytres pubescentes : d'un flave testacé, parées d'un rebord sutural et chacune d'une tache discale noire ou noirâtre : celle-ci, située vers les quatre septièmes de leur longueur, liée au bord externe et parfois transformée en bande. Antennes et pieds ordinairement testacés. Cuisses, même les antérieures, grêles ou à peine renflées dans leur milieu.

♂ Tibias postérieurs armés d'une petite dent vers le milieu de leur tranche interne. Dernier arceau du dos de l'abdomen et du ventre tronqué.

♀ Tibias postérieurs internes. Dernier arceau de l'abdomen terminé en angle.

Notoxus gracilis. PANZ., Faun. Germ. XXXVIII. 21. — ILLIG., Kaef. preuss. p. 289. 5. — OLIV., Encycl. méth. t. VIII. p. 396. 18.
Anthicus gracilis. SCHOENH., Syn. ins. t. II. p. 57. 23. — STEPH., Illustr. t. V. p. 75. — Id. Man. p. 2677. — DEJEAN, Catal. (1837). p. 238. — CASTELN., Hist. nat. t. II. p. 258. — SCHMIDT, Stett. entom. Zeit. t. III (1842). p. 183. 21. — LAFERTÉ, Ann. de la Soc. entom. de Fr. t. II. p. 351. — Id. Monogr. d. Anth. p. 167. 68. — KUSTER, Kaef. Europ. XVI. 78. — L. REDTENB., Faun. Austr. 2e édit. p. 640. — BACH, Kaef. t. III. p. 287. 16.

Long. 0m,0028 à 0m,0033 (1 l. 1/4 à 1 l. 1/2). — Larg. 0m,0009 à 0m,0011 (2/5 l. à 1/2 l.).

Corps allongé. *Tête* presque ovale; arquée ou subarrondie postérieurement, à angles postérieurs nettement indiqués, mais arrondis, moins large au devant de ces angles, que près des yeux; sans sillon occipital; peu convexe; densement ponctuée ou comme chagrinée; brune ou noirâtre; paraissant glabre. *Palpes* et *antennes* testacées : celles-ci, peu robustes ou assez grêles ; à peine renflées vers l'extrémité; un peu plus longuement prolongées qee la base du prothorax; hérissées de poils livides, fins et peu serrés; à 2e article un peu plus court que le 3e : les 2e à 9e articles plus longs que larges, un peu élargis de la base à l'extrémité, et plus sensiblement les 7e à 9e : le 10e moniliforme, aussi large que long : le dernier, un peu obtusément conique, de moitié au moins plus long que large. *Yeux* ovales, noirs, médiocrement saillants; séparés des angles postérieurs de la tête par un espace égal aux deux tiers de leur diamètre longitudinal. *Prothorax* muni en devant d'un goulot très-apparent; un peu arqué en arrière à la base; muni à celle-ci d'un rebord aplani très-visible; dilaté et arrondi à la partie antérieure de ses côtés, offrant vers le quart de sa longueur sa plus grande largeur, rétréci ensuite en courbe légèrement rentrante, jusqu'aux deux tiers ou un peu plus de sa longueur, c'est-à-dire jusqu'au rebord basilaire qui remonte sur les côtés; d'un tiers plus large dans ce point que dans son diamètre transversal le plus grand; à peine aussi large à ce dernier que la tête; d'un cinquième environ plus long que large; densement ponctué ou comme chagriné; presque glabre; variant du brun au fauve testacé. *Ecusson* très-petit; en triangle aussi long que large; testacé. *Elytres* un peu échancrées en arc à la base; émoussées aux épaules; ovales-oblongues; sensiblement élargies vers la moitié de leur longueur ou un peu après, arrondies aux angles postérieurs, peu obliquement tronquées à l'extrémité; une fois plus longues que larges, prises ensemble; planiuscules sur le dos; sans fossette humérale, sans dépression transverse bien marquée; munies, depuis le tiers ou un peu plus de leur longueur d'un rebord sutural sensiblement saillant; presque ruguleuses, marquées de points un peu moins serrés et à peine plus gros que ceux du prothorax; garnies d'une pubescence fine et médiocrement apparente; d'un flave ou blanc testacé; parées d'une bordure suturale réduite au rebord dans sa partie médiane, plus ou moins dilatée après la moitié de leur longueur, sans atteindre ordinairement l'extrémité, et souvent moins sensiblement élargie en remontant vers l'écusson; ornées chacune d'une tache et d'une bordure externe noire ou noirâtre : la tache, vers les quatre septièmes de sa longueur, située sur le disque, en ovale transverse, liée à une bordure externe, noire, ordinairement prolongée depuis l'épaule jusqu'à leur partie postéro-externe. *Dessous du corps* noir, luisant. *Pieds* d'un flave ou blond testacé. *Cuisses* parfois brunes, à peine renflées dans leur milieu, même les antérieures.

Cette espèce paraît habiter la plupart des royaumes de l'Europe. En

France, elle semble être principalement méridionale et affectionner surtout le voisage des mers. Nous l'avons prise assez souvent dans les environs de marseille. On la trouve au pied des plantes ou sur le sable.

L'*Anthicus Stevenii* (DEJEAN), Catal. 1837. p. 238, se rattache à cette espèce, comme l'a fait observer M. de Laferté. Nous en avons reçu divers exemplaires des bords de la Baltique, qui ne diffèrent pas de ceux de notre pays.

Variations (par défaut).

Var. *α*. Quand la matière colorante n'a pas eu le temps de se développer, les élytres sont sans taches ou ne montrent que de faibles traces de la tache et des bordures indiquées dans l'état normal.

Anthicus gracilis. LAFERTÉ, l. c. Var. *d*.

Var. *β*. La tête ordinairement obscure ou brune, est parfois d'un rouge testacé : prothorax ordinairement testacé. Elytres à l'état normal.

LAFERTÉ, l. c. Var. *c*.

Variations (par excès).

Var. *γ*. Prothorax brun ou noir, au lieu d'être testacé.

Var. *δ*. Tache des élytres étendue jusqu'à la suture en forme de bande transversale.

Obs. La bande suturale est souvent alors plus développée que dans l'état normal ; le prothorax passe ordinairement au brun ou noirâtre; quelquefois même les antennes et les pieds montrent la même teinte.

LAFERTÉ, l. c. Var. *β* et *γ*.

8. **Anthicus Schmidti**; ROSENHAUER.

Suballongé; pubescent. Tête et prothorax variablement fauves ou noirs : la première moins large au devant des angles postérieurs arrondis que près des yeux, creusée d'un sillon occipital : le second, plus long que large, arrondi vers la partie antérieure de ses côtés. Elytres d'un flave fauve, parées chacune vers les quatre septièmes de leur longueur, d'une sorte de bande brune ou noire, naissant du bord externe, un peu obliquement transversale, prolongée en arrière, jusqu'à la suture, se rétrécissant de manière à figurer avec sa pareille un fer de flèche; ordinairement obscures sur les côtés depuis cette bande. Antennes testacées. Pieds d'un blond testacé livide.

♂ Pygidium légèrement apparent.

♀ Pygidium indistinct.

Anthicus subfasciatus (DEJEAN). Catal. (1833). p. 217. — Id. (1837). p. 238 — LAFERTÉ, Monogr. des Anth. (1848). p. 179. 85.

Anthicus Schmidti. ROSENH., Beitræge z. Ins. Faun. Eur. (1847). p. 35. — L. REDTENB., Faun. Aust. 2e édit. p. 639. — BACH, Kaeferf. t. III. p. 285. 7.

Long. 0m,0022 à 0m,0026 (1 l. à 1. l. 1/5). — Larg. 0m,0007 (1/3).

Corps suballongé. *Tête* subarrondie, plus large que longue; tronquée ou un peu entaillée postérieurement; arrondie aux angles postérieurs et un peu moins large au devant de ces angles que près des yeux; marquée d'un sillon occipital plus ou moins prononcée; médiocrement convexe; ordinairement noire ou noirâtre, parfois fauve; finement pointillée; pubescente. *Palpes* testacés. *Antennes* assez grêles, sensiblement moins faiblement renflées vers l'extrémité; un peu plus longuement prolongées que la base du prothorax; testacées ou d'un blond testacé; pubescentes; à 2e article plus court que le 3e : les 3e à 6e un peu élargis de la base à l'extrémité : le 7e plus sensiblement : les 8e à 10e moniliformes : le dernier subconique, obtus à l'extrémité, de moitié environ plus long que large. *Yeux* ovales : noirs; médiocrement saillants; séparés des angles postérieurs de la tête, par un espace égal environ à la moitié de leur diamètre longitudinal. *Prothorax* muni en devant d'un goulot apparent; un peu arqué en arrière et à peu près sans rebord à la base; dilaté et arrondi vers la partie antérieure de ses côtés; offrant vers le quart de sa longueur sa plus grande largeur; un peu moins large ou à peine aussi large dans le point que la tête; rétréci ensuite jusqu'aux deux tiers, d'un quart plus étroit dans ce point que dans son diamètre transversal le plus grand; subparallèle ou à peine renflé ensuite vers la base; d'un cinquième environ plus long que large; convexe en devant; ordinairement noir ou noirâtre, parfois fauve; finement pointillé; garni comme la tête d'une pubescence cendrée grisâtre et couchée. *Ecusson* petit; en triangle presque aussi large que long; obscur. *Elytres* tronquées ou faiblement échancrées en arc à la base; émoussées aux épaules; ovales aux angles; sensiblement élargies vers la moitié de leur longueur; arrondies à leur partie postéro-externe; obliquement tronquées à l'extrémité; une fois plus longues que larges; très-médiocrement convexes, sans fossette humérale; sans dépression transverse sensible; pointillées ou très-finement ponctuées; pubescentes; d'un flave fauve ou d'un testacé flavescent; parées chacune d'une sorte de bande noire ou noirâtre, un peu obliquement transverse, naissant vers les quatre septièmes du bord externe étendue en se dilatant jusqu'à la suture, sur laquelle elle se prolonge en arrière, presque jusqu'à l'extrémité, en se rétrécissant graduellement, de manière à produire avec sa pareille un fer de flèche dirigé en arrière; ordinairement obscures sur les côtés depuis cette bande jusqu'à l'angle sutural : ces parties noires ou noirâtres, enclosant assez postérieurement une tache ovalaire de couleur foncée. *Dessous du corps* finement pubescent; souvent fauve ou testacé, d'autres fois noir ou noirâtre sur la poitrine; ordinairement noir ou noirâtre sur le ventre. *Pieds*, d'un blond testacé livide.

Cette espèce n'est pas bien rare dans les environs de Lyon et dans quelques autres parties plus méridionales de notre pays. On la trouve au pied des plantes.

Variations (par défaut).

Var. α. Dessus du corps d'un testacé très-pâle. Elytres sans taches.

Obs. Le dessus du corps est ordinairement alors d'un testacé ou fauve pâle.

Anthicus fasciatus. LAFERTÉ, l. c. Var. *d*.

Var. β. Bande noire des élytres réduite à une petite tache suturale obtriangulaire.

Anthicus unipunctatus (DEJEAN). Catal. (1837). p. 238.
Anthicus subfasciatus. LAFERTÉ, l. c. Var. *c*.

Var. γ. Bande noire des élytres peu colorée, réduite à une tache non liée au bord externe et atteignant à peine la suture.

LAFERTÉ, l. c. Var. *b*.

Obs. Dans ces deux dernières variétés, la tête et le prothorax sont ordinairement fauves ou d'un fauve testacé.

ÉTAT NORMAL.

Anthicus subfasciatus (DEJEAN). Catal. 1837. p. 238. — LAFERTÉ, Monogr. des Anth. p. 79. 85.

Variation (par excès).

Obs. La tête et le prothorax sont variablement fauve ou noir.

Var. δ. Bande des élytres, plus noire, plus foncée, plus développée, atteignant souvent l'extrémité des élytres.

Obs. Souvent alors la bande des élytres absorbe la matière noire qui constituant une bordure obscure sur les côtés, qui restent alors de couleur foncière, mais un peu plus foncée que dans l'état normal.

Anthicus subfasciatus. LAFERTÉ, l. c. Var. β.

9. **Anthicus bimaculatus**; Illiger.

Oblong, d'un testacé tirant sur le blond et garni d'une pubescence cendrée, soyeuse, très-apparente, en dessus. Yeux noirs aussi rapprochés du bord postérieur de la tête que la moitié de leur diamètre longitudinal. Tête obtusément tronquée postérieurement; à angles postérieurs arrondis et presque rectangulairement ouverts; marquée d'un sillon occipital. Prothorax subcordiforme, plus sensiblement rétréci vers les deux tiers; à peine plus long que large. Elytres ovalaires; rarement sans tache, ordinairement marquées sur le disque, un peu après la moitié de leur longueur, d'une tache noire, parfois ponctiforme, ordinairement en crochet, en devant, et dont la branche interne converge vers sa pareille, vers les quatre cinquièmes de la suture. Cuisses non en massue.

♂ Dernier segment de l'abdomen tronqué.

♀ Dernier segment de l'abdomen en pointe obscure.

Notoxus bimaculatus. Illig., Magaz., t. I. p. 80. 4-5.

Anthicus bimaculatus. Gyllenh., Ins. suec. t. II. p. 499. 9. — Schœnh., Syn. ins. t. II. p. 57. 22. — Schmidt, Stett. entom. Zeit. t. III. p. 125. 2. — Kuster, Kæf. Europ. XVI. 72. — Laferté, Monogr. des Anth. p. 147. 49. — Bach, Kaeferf. t. III. p. 386. 8.

Anthicus sagitta. Krynicki, Bullet. de Mosc. t. I (1829). p. 60.

Long. 0^{m},0033 à 0^{m},0036 (1 l. 1/2 à 1 l. 2/3). — Larg. 0^{m},0011 à 0^{m},0013 (1/2 à 2/5).

Corps oblong. *Tête* presque obtriangulaire; au moins aussi large postérieurement que longue sur son milieu; obtusément arquée postérieurement, subarrondie aux angles postérieurs, et presque aussi large au devant de ceux-ci que près des yeux, creusée d'un sillon occipital qui l'entaille légèrement; assez convexe; d'un testacé tirant sur le blond; finement pointillée et garnie d'une pubescence d'un cendré argenté, peu ou médiocrement serrée. *Antennes* d'un testacé tirant sur le blond; pubescentes; subfiliformes et presque aussi longuement prolongées que la moitié du corps (♂), légèrement renflées vers l'extrémité, et à peine plus longuement prolongées que la base du prothorax (♀); à 2e article plus court que le 3e : celui-ci à peu près égal au 5e : les 3e à 6e subfiliformes : les 7e et 8e obconiques : les 9e et 10e cupriformes, à peine aussi longs que larges à l'extrémité : le 11e ou dernier presque ovoïdo-conique ; plus renflé à sa base que chez la ♀, de moitié au moins plus long que large. *Yeux* ovales; noirs; médiocrement convexes; séparés du bord postérieur de la tête par un espace à peine plus grand que la moitié de leur diamètre longitudinal. *Prothorax* muni en devant d'un goulot très-apparent; tronqué ou faiblement arqué en arrière à la base; muni à celle-ci d'un rebord très-étroit, léger et souvent peu apparent; fortement élargi en devant, en ligne courbe depuis les côtés du goulot jusqu'au tiers de sa longueur, rétréci ensuite en ligne peu courbe jusqu'aux deux tiers, médiocrement étranglé dans ce point, puis un peu renflé vers la base : cette partie moins large que l'antérieure ; assez convexe même entre ces rétrécissements latéraux; à peu près aussi large que la tête dans son diamètre transversal le plus grand, c'est-à-dire vers le tiers de sa longueur ; à peu près aussi large dans ce point que long sur son milieu ; d'un testacé tirant sur le blond; finement ponctué; garni d'une pubescence cendrée luisante, très-apparente. *Ecusson* petit, en triangle aussi large que long; de la couleur du prothorax. *Elytres* faiblement échancrées en arc à la base; débordant celle du prothorax des deux cinquièmes de la largeur de chacune; émoussées aux épaules; ovales-oblongues, médiocrement élargies dans leur milieu ; arrondies à leur partie postéro-externe, obliquement tronquées à l'extrémité, ou un peu anguleuses à l'angle sutural, une fois et deux tiers aussi longues que larges, prises ensemble; très-médiocrement convexes sur le dos; sans fossette humérale ; sans dépression transverse postscutellaire; d'un testacé flavescent ou tirant sur le blond; moins finement ponctuées que le prothorax, et comme lui garni de poils couchés, cendrés, constituant une pubescence très-apparente, mais ne voilant pas la couleur première: parées chacune vers la moitié de leur longueur ou un peu plus, d'une tache noire, un peu plus rapprochée de la suture que du bord externe, tantôt réduite à une sorte de point, ou même nulle, ordinairement en forme d'accent circonflexe ou en forme de crochet en devant, et dont la branche interne se prolonge jusqu'aux quatre cinquièmes de la suture, où elle converge avec sa pareille, en s'unissant à elle. *Dessous du corps* d'une teinte d'un testacé un peu plus foncé que les élytres. *Pieds* de la couleur de celles-ci. *Cuisses* non en massue, renflées dans leur milieu, et d'une manière graduellement plus faible des antérieures aux postérieures.

Cette espèce habite les zones tempérées et septentrionales de notre pays. On la trouve sur le sable mouvant des dunes et sur celui des bords de la mer. Elle se montre surtout le soir, arpentant les plages sablonneuses avec rapidité.

Obs. Elle a un faciès particulier et se distingue de toutes les espèces précédentes par la brièveté de son prothorax et par la forme plus ovale et plus raccourcie de ses élytres.

Variations (par défaut).

Var. *α*. Quand la matière colorante n'a pas eu le temps de se développer complètement, tout l'insecte, à l'exception des yeux, est d'un testacé tirant sur le jaune de paille. La tache des élytres est obsolète.

LAFERTÉ, Monogr. p. 148. l. c. Var. *b*.

Var. *β*. Tache des élytres réduite à une sorte de point noir ou noirâtre.

Obs. Dans cette variété, le corps est d'une teinte ordinairement moins pâle que dans la précédente.

Variation (par excès).

Dans l'état normal le plus prononcé, la tache des élytres a la forme d'un crochet dont la pointe est dirigée en avant et dont le croc est extérieur.

Var. *δ*. Ordinairement alors la tige se prolonge en arrière, d'une manière obliquement longitudinale jusqu'aux quatre cinquièmes ou un peu plus de la suture, s'unit à sa pareille et forme avec elle un angle aigu dirigé en arrière. Le dessus du corps prend une teinte plus foncée ou passe au roux testacé.

Obs. Les élytres montrent parfois alors une tache scutellaire nébuleuse, et une bordure nébuleuse ou obscure sur leur seconde moitié.

Le dessous du corps passe au brun plus ou moins foncé.

Anthicus sagitta. KRYNICKI, l. c.
LAFERTÉ, l. c. Var. β.

3e *Division. Tête* tronquée à sa partie postérieure; aussi large ou presque aussi large au devant des angles postérieurs que près des yeux. Prothorax planiuscule en dessus, sensiblement sinué vers les deux tiers de sa longueur; non creusé sur les côtés d'une fossette visible en dessus.

A. 1er groupe.

α Prothorax d'un cinquième au moins plus long sur sa ligne médiane que long dans son diamètre transversal le plus grand. Yeux séparés du bord postérieur de la tête par un espace à peu près aussi grand que leur diamètre longitudinal (S.-G. *Omonadus*).

α Elytres d'un brun noir, avec la base d'un rouge testacé. 10. *Floralis.*

αα Elytres d'un brun noir, parées chacune d'une tache et d'une bande transversale d'un rouge testacé. La tache en triangle dont le sommet s'appuie sur le calus huméral: la bande, vers la moitié de leur longueur. 11. *Bifasciatus.*

AA. 2e groupe.

Prothorax à peine plus long sur la ligne médiane que large dans son diamètre transversal le plus grand; rétréci presque en ligne droite depuis sa dilatation latérale jusqu'à la base. Yeux séparés du bord postérieur de la tête par un espace moins grand que leur diamètre longitudinal.

B. Elytres oblongues, d'un rouge testacé, ordinairement parées d'une bande transversale, noire, couvrant du tiers aux deux tiers de leur longueur (S.-G. *Cartolus*). 12. *Sellatus.*

10. **Anthicus floralis**; FABRICIUS.

Dessus du corps presque glabre; ordinairement brun ou brun noir, avec le prothorax et la base des élytres d'un rouge testacé; parfois entièrement obscur. Tete tronquée postérieurement et creusée d'un sillon occipital, à angles postérieurs rectangulairement ouverts et peu émoussés. Prothorax d'un cinquième au moins plus long que large, offrant vers le cinquième sa plus grande largeur, un peu anguleux dans ce point, rétréci ensuite presque en ligne droite jusqu'à la base, peu sinué et plus étroit vers les deux tiers; rayé d'un sillon très-court à la partie antérieure de sa ligne médiane, et muni de chaque côté de celle-ci d'un très-faible tubercule. Elytres marquées d'une dépression transverse vers le cinquième de leur longueur; moins finement ponctuées. Antennes et pieds ordinairement d'un rouge testacé : cuisses renflées, parfois obscures, ainsi que l'extrémité des antennes.

♂ Extrémité de l'abdomen obtusément tronqué, laissant apparaître le pygidium.

♀ Extrémité de l'abdomen subarrondi, sans pygidium.

La Cantharide fourmi. GEOFFROY, Hist. nat. t. I. p. 344. 8.

Lagria floralis. FABR. Syst. entom. p 126. 12. — Id. Spec. ins. t. I. p. 161 15. — Id. Mant. t. I. p. 94. 25. — GMEL., C. LINN., Syst. nat. t. I. p. 1732. — ROSSI, Faun. etr. t. II p. 109. 279. — Id. Edit. HELW. t. I. p. 115. 279.

Meloe pedicularius. SCHRANK, Enum. p. 224. 422.

Cantharis formicoïdes. FOURCR., Entom. Paris. t. I. p. 156. 8.

Notoxus floralis. FABR., Entom. Syst. t. I. 1. p. 212. 10. — PANZ., Faun. Germ. XXIII. fig. 4. — ILLIG., Kaef. preuss. p. 288. 4. — CEDERH., Faun. ingr prodr. p. 35. 108. — OLIV., Encycl. méth. t. VIII. p. 396. 19

Notoxus formicarius. OLIV. Entom. t. III. n° 51. 2. pl. 1 fig. 3. *a. b.* — LATR., Hist. nat. t. X. p. 356. 7.

Anthicus floralis. PAYK, Faun. suec. t. I. p. 256. 3. — FABR., Syst. Eleuth. t. I. p. 291. 15. — SCHŒNH., Syn. ins. t. II. p. 57. 23. — GYLLENH., Ins. suec. t. II. p. 495 6. — DUMÉRIL, Dict. des sc. nat. t. II. p. 203. 5. — ZETTERST., Faun. lapp. p. 234. 4. — Id. Ins. lapp. p. 159. 5. — SAHLB., Ins. fenn. p. 440. 5. — STEPH., Illustr. t. V. p. 75. — Id. Man. p. 341. 267. — CASTELN., Hist. nat. t. II. p. 258. 5. — SCHMIDT., Stett. entom. Zeit. t. III. p. 131. 3. — LAFERTÉ, Monogr. d. Anth. p. 150. 51. — TRUQUI, Mem. d. Acad.

di Torino. 1857. p. 356. 12. — KUSTER, Kaef. Europ. XVI. 73. — L. REDTENB., Faun. austr. 2e édit. p 639. — BACH, Kaef. t. III. p. 256. 9.
Lytta fusca. MARSH., Entom. brit. p. 486. 4. — LEACH, Encycl. Edimb. t. IX. p. 105. — STEPH., Illustr. t. V. p. 74. — Id. Man. p. 341. 2673.

Long. 0m,0030 à 0m,0036 (1 l. 2/5 à 1 l. 2/3). — Larg. 0m,0009 à 0m,0012 (2/5 l. à 1/2 l.).

Corps suballongé. *Tête* en carré transversal sur ses deux tiers postérieurs, rétrécie en devant; tronquée postérieurement; à angles postérieurs émoussés et rectangulairement ouverts; marquée d'un sillon occipital prononcé; médiocrement convexe; brune ou d'un brun fauve luisant; finement ponctuée; presque glabre, garnie de quelques poils sur l'épistome. *Palpes* et *Antennes* fauves ou d'un fauve testacé : les antennes à peine aussi longuement (♀) ou à peine plus longuement (♂) prolongées que la base du prothorax; hérissées de poils courts et assez rapprochés; à 2e article presque aussi long que le 3e : les 2e et 3e filiformes : les 4e, 5e et 6e élargis de la base à l'extrémité, faiblement plus longs que larges : les 7e, 8e, 9e et 10e, ou du moins les 8e à 10e moniliformes, aussi larges que longs : le dernier, de trois quarts plus long que large, faiblement rétréci de la base à l'extrémité, obtus, à celle-ci. *Yeux* ovales, noirs, séparés des angles postérieurs de la tête par un espace presque égal à leur diamètre longitudinal. *Prothorax* muni en devant d'un goulot court; tronqué ou faiblement arqué en arrière à la base; muni à celle-ci d'un rebord aplani, égal au moins au 10e de sa longueur, limité en devant par une raie transversale très-apparente : élargi en ligne un peu courbe depuis les côtés du goulot jusqu'au cinquième de sa longueur, médiocrement rétréci ensuite jusqu'à la base, mais sinué ou plus étroit vers les deux tiers; un peu plus étroit que la tête dans son diamètre transversal le plus grand; d'un sixième ou d'un cinquième plus long que large; médiocrement convexe; creusé dans le milieu de son bord antérieur d'un court sillon, de chaque côté duquel se montre un très-léger tubercule; d'un roux flave, luisant; finement pointillé; glabre. *Ecusson* petit, triangulaire, aussi large que long; d'un roux fauve. *Elytres* un peu échancrées en arc à la base; un peu saillantes et peu émoussées aux épaules; oblongues, faiblement élargies vers la moitié de leur longueur; arrondies à leur partie postéro-externe, obliquement tronquées à l'extrémité; près d'une fois plus longues que larges, prises ensemble; peu convexes sur le dos; offrant à la base les courtes traces d'une fossette humérale; marquée d'une dépression un peu obliquement transverse vers le cinquième ou le quart de leur longueur; brunes ou d'un brun fauve, avec la base testacée ou d'un roux testacé jusqu'au quart de leur longueur; glabres ou presque glabres: finement ponctuées. *Dessous du corps* d'un roux testacé sur l'antépectus, brun ou noir sur le reste. *Pieds* d'un roux testacé; cuisses antérieures fortement en massue: les autres graduellement renflées dans leur milieu.

Cette espèce est une des plus communes; elle habite non-seulement toutes les provinces de la France; mais elle est répandue dans diverses parties du monde. On la trouve sous les détritus de végétaux, dans les fumiers, au pied des plantes, et, par suite, quelquefois sur leurs tiges et sur leurs fleurs.

Variations (par défaut).

Var. α. On trouve parfois des individus prématurément arrivés à leur dernier état, et chez lesquels la matière colorante n'a pas eu le temps de se développer; les élytres sont alors entièrement testacées ou d'un flave testacé, parfois avec l'extrémité obscure.

Obs. Les pieds sont aussi ordinairement très-pâles et le prothorax d'un rouge pâle.

Notoxus myrmecocephalus. Rossi, Mant. t. I. p. 46. 117. — Id. édit. Hellw. p. 387. 117.
Anthicus floralis. Laferté. Monogr. p. 153. Var. *c*.

Var. β. Elytres d'un jaune testacé à la base, parfois avec une tache scutellaire obscure, brune sur le reste de leur surface ou avec la suture et le bord postérieur jaunâtre.

Obs. Le prothorax est d'un rouge testacé plus ou moins vif.

Notoxus calycinus. PANZ., Entom. germ. p. 87. — Id. Faun. germ. VIII. fig. 3.
Anthicus floralis. SCHOENH., l. c. Var. γ. — SCHMIDT, l. c. Var. γ. — LAFERTÉ, l. c. Var. *b*.

Variations (par excès).

Var. γ. Semblable à l'état normal, mais offrant la région scutellaire noirâtre et les cuisses brunes ou brunâtres.

LAFERTÉ, l. c. Var. β.

Var. δ. Elytres d'un brun noir, avec la partie antérieure d'un testacé brunâtre ou d'un rouge testacé brunâtre et sur une étendue plus ou moins faible.

Obs. La partie antérieure du prothorax, la tête, les antennes et les pieds sont ordinairement obscurs ou bruns ou brunâtres.

Anthicus floralis. SCHOENH., l. c. Var. *b*. — SCHMIDT, l. c. Var. *b*. — LAFERTÉ, l. c. Var. γ.

Var. ς. Entièrement brun ou d'un brun noirâtre en dessus et en dessous, avec tibias et les tarses seuls d'une teinte moins obscure ou d'un rouge brun ou noirâtre.

Obs. Les antennes sont aussi ordinairement brunes.

LAFERTÉ, l. c. Var. *d*.

Obs. M. de Laferté a remarqué avec raison que la description du *Meloe floralis* de Linné ne peut s'appliquer à l'espèce dont il est question. Si notre mémoire est fidèle, l'insecte inscrit sous le nom de *floralis* dans la collection de l'illustre naturaliste, serait un *Anth. antherinus*.

Contrairement à l'opinion du savant auteur de la Monographie des Anthicides, nous pensons qu'il faut rapporter à l'*A. floralis* plutôt qu'au *F. pedestris* la *cantharide fourmi* de Geoffroy. *Les étuis de couleur brune, tirant sur le rouge dans leur partie antérieure*, semblent l'indiquer.

11. **Anthicus bifasciatus**; Rossi.

Dessus du corps luisant, presque glabre; plus fortement ponctué sur les élytres. Tête noire; tronquée postérieurement et creusée d'un sillon occipital; à angles postérieurs rectangulairement ouverts et un peu émoussés. Prothorax d'un cinquième plus long que large, offrant vers le quart sa plus grande largeur, subarrondi et un peu anguleux dans ce point, rétréci ensuite jusqu'aux deux tiers, puis subparallèle; brun ou noir, avec la partie postérieure d'un rouge testacé. Elytres d'un brun noir, parées chacune d'une tache et d'une bande, variant du jaune de gomme au rouge testacé: la tache en triangle, dont le sommet repose sur le calus et la base sur une dépression transverse: la bande transversale couvrant de la moitié aux quatre cinquièmes. Base des antennes, tibias et tarses ordinairement testacés. Cuisses en massue.

Notoxus bifasciatus. Rossi, Mantiss. ins. t. I. p. 48. 122. — Id. Edit. Helw. p. 389. 122.

Notoxus quadriguttatus (Latreille). Suivant Dejean, possesseur de la collection de l'illustre professeur.

Anthicus quadripustulatus (Frœlich) (Dahl). Catal., p. 47.

Anthicus bifasciatus Schmidt, Stett. entom. Zeit. t. III (1842). p. 170. 10. — Laferté, Monogr. des Anth. p. 155. 55. — Truqui, Mem. d. Acad. di Torino. 1857. p. 357. 14. — Kuster, Kaef. Eur. XVII. 74. — L. Redtenb., Faun. Aust. 2e édit. p. 640. — Bach, Kaef. t. III. p. 286. 12.

Anthicus Kolenatii (Mannerh.). Kolenati, Meletem. entom. t. III. (1846). p. 35. pl. XIII. fig. 7.

Long. 0m,0022 à 0m,0026 (1 l. à 1 l. 1/5). — Larg. 0m,0007 à 0m,0009 (1/3 l. à 2/5).

Corps allongé. *Tête* penchée; en carré transversal sur les quatre septièmes postérieurs, rétrécie en devant; tronquée postérieurement; marquée d'un sillon occipital très-apparent; émoussée ou subarrondie aux angles postérieurs, et aussi large au devant de ceux-ci que près des yeux; peu convexe; noire; luisante; presque glabre; pointillée ou finement ponctuée. *Antennes* un peu épaisses, surtout vers l'extrémité; un peu moins longuement prolongées, surtout chez la ♀, que la base du prothorax; hérissées de poils médiocrement épais; fauves ou d'un fauve testacé, avec les derniers articles obscurs : le 2e moins long que le 1er : les 2e à 4e subfiliformes : les 5e à 6e ou 7e un peu élargis de la base à l'extrémité : les 8e à 10e submoniliformes, à peine plus longs que larges : le dernier près d'une fois plus long que large, en cône obtus. *Yeux* ovales; médiocrement saillants, séparés des angles postérieurs de la tête par un espace presque égal à leur diamètre longitudinal. *Prothorax* muni en devant d'un goulot très-apparent; tronqué ou faiblement arqué en arrière à la base; muni à celle-ci d'un rebord un peu tranchant et très-étroit, précédé d'une raie transversale très-fine; élargi en ligne courbe en devant, depuis les côtés du goulot jusqu'au quart de sa longueur, arrondi ou un peu anguleux dans ce point, rétréci ensuite jusqu'à la base, en formant une sinuosité ou un rétrécissement plus sensible vers ses deux tiers; d'un quart moins large dans ce point qu'à ses saillies latérales, un peu moins large à celles-ci que la tête; d'un cinquième ou d'un quart plus long que large; un peu plus convexe en devant qu'à la base; marqué de points un peu moins petits que ceux de la tête; presque glabre, hérissé de quelques poils obscurs clairsemés; d'un brun de poix, ou noir, avec la base d'un rouge ou blond testacé. *Ecusson* très-petit; en triangle aussi large que long; obscur. *Elytres* un peu échancrées en arc à la base; émoussées aux angles antérieurs; ovales-oblongues, faiblement élargies un peu après leur milieu; arrondies à leur partie postéro-externe, tronquées obliquement à l'extrémité; une fois environ plus longues que larges, prises ensemble, peu convexes; creusées d'une fossette humérale; marquées d'une dépression un peu obliquement transverse vers le cinquième de leur longueur; plus fortement et un peu moins densement ponctuées que le prothorax; presque glabres, hérissées de poils obscurs clairsemés; luisantes; d'un brun de poix ou d'un brun noir; parées chacune de deux taches ou courtes bandes d'un jaune de gomme ou d'un flave pâle ou testacé; l'antérieure presque en triangle allongé dont la partie antérieure repose sur le calus et la partie postérieure sur la dépression transverse; la postérieure en forme de bande transverse couvrant de la moitié aux quatre cinquièmes de leur longueur, sans atteindre ni la suture, ni le bord externe. *Dessous du corps* noir ou d'un brun noir luisant. *Pieds* : cuisses brunes ou d'un brun noir : tibias et tarses d'un flave testacé : cuisses antérieures, en massue : les suivants moins fortement : les postérieures médiocrement renflées dans leur milieu.

Cette espèce habite principalement les zones tempérées et méridionales. Elle n'est pas rare dans les environs de Lyon. On la trouve, comme la précédente, parmi les végétaux en décomposition, dans les fumiers et au pied des plantes.

Variation (par défaut).

Var. α. Quand la matière colorante a été moins abondante, la couleur des élytres est moins foncée et les taches, la postérieure surtout, s'étendent jusqu'à la suture.

LAFERTÉ, loc. cit. p. 156. Var. *b*.

Variation (par excès).

Var β. Quand au contraire la matière colorante a abondé, les antennes deviennent obscures ou brunes; la teinte des élytres plus foncée; les taches plus restreintes; les tibias et mêmes les tarses parfois brunâtres ou bruns.

LAFERTÉ, l. c. p. 156. Var. β.

12. **Anthicus sellatus**; PANZER.

Suballongé. Dessus du corps garni d'une pubescence brillante, couchée, d'un cendré livide argenté. Tête et prothorax noirs, très-finement ponctués : la tête tronquée postérieurement, et sans sillon occipital ; à angles postérieurs émoussés et rectangulairement ouverts : le prothorax arrondi à ses saillies latérales, vers le quart de sa longueur, presque aussi large dans ce point que long sur son milieu, rétréci ensuite jusqu'aux deux tiers. Elytres ovales-oblongues; d'un rouge testacé, ordinairement parées d'une bande transversale noire, commune, un peu arquée en arrière; couvrant du tiers aux deux tiers de leur longueur : cette bande parfois réduite à une tache sur chaque élytre, ou parfois nulle. Antennes et pieds testacés. Cuisses non en massue.

♂ Un peu plus étroit, extrémité de l'abdomen tronqué, laissant paraître le pygidium.

♀ Un peu plus large, extrémité de l'abdomen en pointe obtuse, sans pygidium.

Notoxus sellatus. PANZ., Faun. Germ. XXXVIII. fig. 20. — ILLIG., Kaef. preuss. t. 1 p. 288. 2. — OLIV., Encycl. méth. t. VIII. p. 296. 20.
Anthicus sellatus. SCHOENH., Syn. ins. t. II. p. 57. 21. — GYLLENH., Ins. suec. t. II. p. 493. 4. — SAHLB., Insect. fenn. p. 439. 3. — ZETTERST., Ins. lapp. p. 158. 2. — SCHMIDT, Stett. entom. Zeit. t. III (1842). p. 125. 1. — LAFERTÉ, Monogr. d. Anth. p. 162. 63. — KUSTER, Kaef. Europ XVI. 71. — L. REDTENB., Faun. aust. 2e édit. p. 240. — BACH, Kaef. t. III. p. 287. 15. —
Anthicus arenarius (DAHL), Catal. p. 46. — (DEJEAN), Catal. 1837. p. 238.

Long. 0m,0036 à 0m,0045 (1 l. 2/3 à 2 l.). — Larg. 0m,0013 à 0m,0017 (3/5 l. à 3/4).

Corps oblong. *Tête* en carré transversal sur les quatre septièmes postérieurs, rétrécie en devant; tronquée à sa partie postérieure; sans sillon occipital; émoussée ou subarrondie aux angles postérieurs; aussi large au devant de ceux-ci que près des yeux; planiuscule ou peu convexe; chargée d'une ligne longitudinale médiaire légèrement saillante; densement ponctuée et garnie d'une pubescence couchée, d'un cendré grisâtre argenté, brillante. *Antennes* peu robustes; de grosseur presque uniforme, à peine plus épaisses vers l'extrémité; un peu plus longuement prolongées que la base du prothorax; d'un fauve testacé; hérissées de poils fins, cendrés ou livides; à 2e article de moitié au moins plus court que le 3e; le 4e un peu moins long que celui-ci et filiforme comme lui : les 5e, 6e et 7e élargis sur la base à l'extrémité : les 8e et 9e obtriangulaires : le 10e moniliforme, aussi large que long : le dernier ovoïdo-conique, près d'une fois plus long que large. *Yeux* ovales, noirs, séparés des angles postérieurs de la tête par un espace de moitié moins long que leur diamètre longitudinal. *Prothorax* tronqué ou faiblement arqué en arrière à la base; muni à celle-ci d'un rebord très-étroit, peu apparent, précédé d'une raie transversale très-fine; en ligne courbe depuis les côtés du goulot jusqu'au quart de sa longueur, subarrondi dans ce point, rétréci ensuite jusqu'à la base en formant une sinuosité ou un rétrécissement plus sensible vers les deux tiers; d'un quart environ moins large dans ce point que dans son diamètre transversal le plus grand; à peine aussi large à celui-ci que la tête; à peine plus long que large; peu convexe; densement ponctué et garni d'une pubescence argentée, comme la tête; noir, parfois avec la base en général brièvement d'un rouge testacé plus ou moins obscur. *Ecusson* petit; en triangle aussi long que large; brun ou noir. *Elytres* un peu échancrées en arc à la base; émoussées aux épaules, ovales-oblongues; faiblement élargies un peu après la moitié de leur longueur; arrondies à leur partie postéro-externe, obliquement tronquées à l'extrémité; une fois environ plus longues que larges; peu ou très-médiocrement convexes; creusées d'une fossette humérale; marquées d'une dépression un peu obliquement transverse, vers le cinquième de leur longueur; marquées de points plus gros que ceux du prothorax, et comme lui, garnies d'une pubescence couchée, luisante, d'un cendré livide argentée; testacées ou d'un rouge ou blond testacé; ordinairement parées d'une bande transversale noire commune, un peu arquée en arrière, couvrant environ du tiers aux deux tiers de leur longueur : cette bande parfois réduite sur chaque élytre à une tache, ou même parfois nulle. *Dessous du corps* d'un rouge jaune ou d'un roux orangé pâle : cuisses, même les antérieures, non en massue, médiocrement ou faiblement renflées dans leur milieu.

Cette espèce paraît habiter toutes les provinces de notre pays. On la trouve sur le sable, au bord des rivières et des fleuves; elle semble y vivre des matières organisées rejetées par les eaux ou en voie de décomposition.

Variations (par défaut).

Var. αα. Elytres d'un testacé pâle, sans trace de bande noire.

Obs. Dans cette variation, la tête et le prothorax sont parfois noirs, mais passent au rouge brun ou au rouge testacé, chez les individus prématurément transformés.

LAFERTÉ, l. c. Var. *d*.

Var. β. Bande noire des élytres réduite sur chaque élytre à une tache de grandeur variable.

LAFERTÉ, l. c. Var. *c*.

Var. γ. Bande noire affaiblie de teinte, moins nettement détachée du fond des élytres.

LAFERTÉ, l. c. Var. *b*.

Variations (par excès).

Var. δ. Bande des élytres plus développée que dans l'état normal, couvrant plus de la moitié submédiaire des élytres.

Obs. Les cuisses sont souvent alors noires à l'extrémité.

LAFERTÉ, l. c. Var. β.

Près de cette espèce doit être placée la suivante :

Anthicus balcaïcus; MOTSCHULSKY.

Dessus du corps ponctué, finement pubescent. Tête et prothorax noirs : la tête tronquée postérieurement et marquée d'un sillon occipital ; peu émoussée aux angles postérieurs et aussi large à ceux-ci que près des yeux : le prothorax offrant vers le sixième de sa longueur sa plus grande largeur, rétréci ensuite en ligne droite jusqu'à la base ; presque sans rebord et par-

fois brièvement rougeâtre à celle-ci; plus large que long; planiuscule. Elytres tronquées en devant; parallèles, arrondies à l'extrémité; planiuscules sur le dos; blondes ou d'un blond flavescent; marquées d'une légère fossette scutellaire. Antennes et pieds d'un blond flave : extrémité des antennes et cuisses souvent un peu obscures.

Long. 0m,0033 (1 l. 1/2). — Larg. 0m,0009 (2/5 l.).

Patrie : les bords du lac Baïcal.

4e *Division*. Tête tronquée à la partie postérieure. Prothorax convexe; rétréci à peu près en ligne droite jusqu'à la base; non creusé sur les côtés d'une fossette visible en dessus.

α Prothorax aussi large à sa dilatation latérale que long sur sa ligne médiane.
- β Tête et prothorax d'un roux testacé. — 13. *Genei*.
- ββ Tête et prothorax noirs. — 14. *Flavipes*.

αα Prothorax plus long que large.
- c Elytres entièrement noires.
  - *d* Antennes, tibias et tarses, testacés. — 15. *Luteicornis*.
  - *dd* Majeure partie des antennes, tibias et tarses d'un fauve obscur. — 16. *Fuscicornis*.
- cc Elytres noires ornées de taches ou de bandes pâles ou testacées.
  - *e* Elytres ornées chacune d'une tache subhumérale testacée ou d'un roux testacé, parfois obsolètes.
    - *f* Seconde moitié des antennes et cuisses brunes. — 17. *Fenestratus*.
    - *ff* Antennes et pieds d'un roux testacé. — 18. *Axillaris*.
  - *ee* Elytres noires, parées chacune de deux taches pâles ou testacées.
    - *g* Pieds entièrement d'un roux ferrugineux. — 19. *4-Maculatus*.
    - *gg* Cuisses noires : tibias et tarses d'un roux testacé. — 20. *Tristis*.

13. **Anthicus Genei**; Laferté.

Suballongé; peu convexe; garni d'une pubescence fine, courte et cendrée; finement ponctué. Tête, antennes, prothorax et pieds, d'un rouge roux ou d'un roux orangé : la tête ruguleuse; en carré transverse sur ses deux tiers postérieurs, tronquée et sans sillon occipital à sa partie postérieure, subarrondie aux angles postérieurs et aussi large au devant de ceux-ci que près des yeux : le prothorax à goulot court : rétréci en ligne presque droite depuis le tiers jusqu'à la base; rebordé à celle-ci; plus long que large. Elytres noires; subparallèles, arrondies postérieurement; près d'une fois plus longues que larges, prises ensemble.

Anthicus Genei. LAFERTÉ, Monogr. des Anth. p. 219. 130.

Long. 0^m,0013 à 0^m,0015 (3/5 à 2/3). — Larg. 0^m,0005 à 0^m,0006 (1/4).

Corps suballongé. *Tête* en carré transverse sur les tiers postérieurs, rétrécie en devant; un peu plus large que longue; tronquée postérieurement et sans sillon occipital bien distinct; peu émoussée aux angles postérieurs, et aussi large en devant de ceux-ci que près des yeux; peu convexe; ruguleuse, assez finement ponctuée, avec la ligne médiane très-légèrement saillante et souvent lisse; d'un roux orangé; garnie d'une pubescence cendrée ou grisâtre, fine, courte, peu épaisse. *Antennes* un peu épaissies vers l'extrémité; un peu moins longuement prolongées que la moitié du corps; d'un roux ou rouge orangé; hérissées de poils médiocrement serrés; à 2e article plus court que le 3e : les 3e à 6e faiblement élargis vers l'extrémité : les 7e à 10e submoniliformes, élargis en ligne courbe de la base au sommet, à peine aussi longs que larges : le dernier ovoïdo-conique, de moitié au moins plus long que large. *Yeux* noirs; peu saillants, séparés des angles postérieurs de la tête par un espace à peu près égal à leur diamètre longitudinal. *Prothorax* muni en devant d'un goulot court; dilaté et subarrondi vers la partie antérieure de ses côtés; offrant vers les deux septièmes de la longueur sa plus grande largeur; un peu moins large dans ce point que la tête; rétréci ensuite en ligne presque droite jusqu'à la base; finement marginé à celle-ci; d'un cinquième environ plus long que large; médiocrement convexe; d'un rouge ou d'un roux orangé; marqué de points un peu moins petits que ceux de la tête; garni, comme celles-ci, d'une pubescence cendrée ou grisâtre, fine et assez courte. *Ecusson* très-petit; noir; en triangle aussi large que long. *Elytres* un peu échancrées en arc à la base; arrondies et en angle ouvert aux épaules ; de deux cinquièmes plus larges à celles-ci que le prothorax à sa base; subparallèles ou faiblement élargies dans leur milieu; obtusément arrondies à l'extrémité; de trois quarts plus longues que larges ; obtusément ou médiocrement convexes ; sans fossette humérale et sans dépression transverse; finement ponctuées ; noires, mais paraissant d'un noir ardoisé par l'effet de la pubescence cendrée ou grisâtre dont elles sont garnies. *Dessous du corps* finement ponctué sur la poitrine, presque impointillé sur le ventre ; brièvement pubescent ; d'un roux testacé sur l'antépectus ; ordinairement noire sur les médi et postpectus et sur le ventre : les premiers et plus rarement le second passant au rouge ou roux orangé par défaut de coloration. *Pieds* d'un rouge ou d'un roux orangé. *Cuisses* médiocrement renflées un peu après la moitié de la longueur.

Cette espèce est exclusivement méridionale. On la trouve sur les sables des bords de la mer dans notre ancienne Provence. Elle nous a été envoyée par M. Raymond, des environs de Saint-Raphaël près Fréjus. Nous l'avons prise à Marseille et à Hyères. Elle a été décrite pour la première fois par M. le marquis de Laferté, d'après les exemplaires pris en Sardaigne, et dédiée à feu Joseph Géné, de son vivant, conservateur du Muséum de Turin.

14. **Anthicus flavipes**; PANZER.

Suballongé; médiocrement convexe; assez finement ponctué, mais garni d'une pubescence d'un cendré argenté qui cache en partie la ponctuation. Tête et prothorax noirs : la tête tronquée et sans sillon occipital à sa partie postérieure, émoussée aux angles postérieurs et aussi large au devant de ceux-ci que près des yeux. Prothorax offrant vers le tiers sa plus grande largeur, rétrécie ensuite en ligne droite jusqu'à la base, faiblement rebordé à celle-ci; à peine plus long que large. Elytres de deux tiers plus longues que larges réunies, un peu élargies vers la moitié; tantôt d'un roux fauve, sans taches, ou avec une tache scutellaire et une tache suturale plus postérieure, noires; tantôt noires, avec une tache humérale marron, oblique, à limites indécises, plus ou moins prolongées; tantôt enfin noires sans taches. Antennes et pieds d'un roux testacé. Ecusson parfois noirs.

Notoxus flavipes (KUGELANN). PANZ., Faun. Germ. XXXVIII (1797). fig. 22. — ILLIG., Kaef. preuss. p. 289. 6. — LATR., Hist. nat. t. X. p. 357. 10. — OLIV., Encycl. méth. t. VIII. p. 397. 28. — DUMÉRIL, Dict. des sc. nat. t. II. p. 203. 6.

Anthicus rufipes. PAYK., Faun. suec. t. III. Append. (1800). p. 444. — Id. Act. Holm. (1801). p. 117. — SCHOENH., Syn. ins. t. II. p. 58. — GYLLENH., Ins. suec. t. II. p. 497. 7. — ZETTERST., Ins. lapp. p. 159. 5. — SAHLB., Ins. fenn. p. 440. 6. — (DEJEAN). Catal. (1837). p. 238.

Anthicus flavipes. SCHMIDT, Stett. entom. Zeit. t. III (1842). p. 182. 23. — LAFERTÉ, Monogr. des Anth. p. 222. 134. — KUSTER. Kaef. Europ. XIII. 73. — L. REDTENB., Faun. austr. 2e édit. p. 640. — BACH, Kaerferfaun. t. III. p. 287. 13.

Anthicus obscurus (STURM), Catal. (1843). p. 168.

Long. 0m,0017 à 0m,0022 (3/4 l. à 1 l.). — Larg. 0m,0007 (1/3 l.).

Corps suballongé. *Tête* en carré transverse sur ses deux tiers postérieurs, rétrécie en ogive au devant, un peu moins large que longue; tronquée postérieurement et à peu près sans traces de sillon occipital; émoussée aux angles postérieurs et aussi large au devant de ceux-ci que près des yeux; médiocrement convexe; d'un noir mat; brièvement pubescente; finement ponctuée, avec la ligne médiane lisse. *Labre* et *Palpes* d'un roux fauve ou testacé. *Antennes* à peine plus longuement prolongées que la base du prothorax; un peu épaissies vers l'extrémité; d'un roux fauve ou testacé; à 2e article plus court que le 3e : le 2e subfiliforme ou faiblement ovalaire : les 3e à 6e un peu renflés vers le sommet : les 7e à 10e graduellement plus épais : le 11e ovoïdo-conique. *Yeux* ovales, petits, peu saillants et noirs, séparés du bord postérieur de la tête par un espace aussi grand que leur diamètre longitudinal. *Prothorax* muni en devant d'un goulot court; arrondi vers la partie antérieure de ses côtés et offrant vers le tiers de sa longueur la plus grande largeur, rétréci ensuite en ligne droite jusqu'à la base; à peine plus long que large; convexe; assez finement ponctué; noir; garnie d'une pubescence assez longue cendrée, luisante et couchée, qui lui donne une teinte d'un noir grisâtre. *Ecusson* petit; noir; en triangle au moins aussi long que large. *Elytres* faiblement échancrées en devant;

à épaules assez saillantes et à angle peu ouvert; débordant la base du prothorax, des deux cinquièmes au moins de la largeur de chacune; faiblement élargies ensuite en ligne droite jusqu'à la moitié de leur longueur, en ogive ou subarrondies postérieurement; de deux tiers plus longues que larges, prises ensemble; médiocrement convexes; sans fossette humérale et sans dépression transverse, vers le cinquième de leur longueur; ordinairement d'un noir ou noir brun, mat, avec une tache d'un brun marron ou d'un marron brunâtre, à limites indécises, naissant de l'épaule et obliquement dirigée en arrière vers la suture; parfois d'un roux marron ou d'un roux fauve, avec une tache scutellaire obtriangulaire et une tache suturale ovalaire, naissant vers la moitié de leur longueur et non prolongée jusqu'à l'extrémité; quelquefois enfin d'un roux fauve, avec une tache scutellaire à la suture, noires, ou même entièrement d'un roux fauve; marquées, comme le prothorax de points assez petits, mais en majeure partie cachés sous la pubescence couchée et grisâtre mi-argentée dont elles sont garnies. *Dessous du corps* noir. *Pieds* d'un roux ou rouge testacé, assez vif.

Cette espèce paraît se plaire particulièrement dans les zones tempérées ou froides de l'Europe et des parties de l'Asie voisines de celles-ci. On la trouve à Lyon sur les bords du Rhône; elle se prend aussi sur les rives sablonneuses de la Loire et de diverses autres rivières.

La tête et le prothorax restent généralement noirs; mais les élytres offrent de nombreuses variations, suivant le développement plus ou moins grand de la matière noire.

Variations (par défaut).

Var. α. Dans l'état le plus altéré, les élytres sont entièrement d'un roux fauve ou d'un roux marron.

Obs. Les pattes sont entièrement testacées.

LAFERTÉ, l. c. Var. *b*.

Var. γ. Elytres d'un brun fauve ou testacé, sans taches.

Obs. Les pattes sont tantôt testacées, tantôt avec les cuisses brunes ou brunâtres.

LAFERTÉ, l. c. Var. *c.*

Var. *β*. Elytres fauves, d'un roux fauve ou d'un roux testacé, parées d'une bordure suturale noire.

Var. *δ*. Elytres d'un roux fauve ou d'un roux testacé, parées d'une tache scutellaire obtriangulaire et d'une tache suturale ovalaire, naissant vers le milieu de leur longueur et non prolongée jusqu'à l'extrémité, noires : cette tache plus ou moins restreinte.

Notoxus flavipes (KUGELANN). PANZER, Faun. germ. XXXVIII. fig 22.
Anthicus flavipes. LAFERTÉ, l. c. Var. *b*.

Etat présumé normal. Elytres d'un noir ou noir brun terne, ornées chacune d'une tache testacée, naissant de l'épaule, à limites indécises, se prolongeant plus ou moins en arrière.

Variations (par excès).

Var. *ε*. Elytres entièrement noires ou d'un noir brun.

Obs. Les cuisses sont alors ordinairement noires : les tibias, tarses et antennes sont d'un roux testacé plus foncé.

Anthicus rufipes. PAYK., Faun. suec. t. III. app. p. 444.
Anthicus flavipes. LAFERTÉ, l. c. Var. *β*.
Anthicus brunnipennis. STURM, Catal. (1843). p. 168.

15. **Anthicus luteicornis**; SCHMIDT.

Suballongé. Dessus du corps noir ou noir brun, moins finement ponctué sur les élytres que sur la tête et le prothorax ; garni d'une pubescence fine, courte et peu serrée, qui lui donne une teinte d'un noir ardoisé. Tête en carré transverse sur ses deux tiers postérieurs ; souvent sans trace de sillon occipital; à ligne médiane souvent lisse et un peu saillante. Prothorax plus étroit que la tête, à sa dilatation antéro-latérale; rétréci ensuite en ligne à peu près droite jusqu'à la base; peu marginé à celle-ci. Antennes, tibias et tarses ordinairement d'un flave testacé : cuisses ordinairement brunes, faiblement renflées vers l'extrémité.

Anthicus ater (DEJEAN), Catal. (1837). p. 238.
Anthicus luteicornis. SCHMIDT, Stett. Entom. Zeit. t. III. (1842). p. 187. 27. — LAFERTÉ, Monog. d. Anthic. p. 217. 128.

Long. 0^m,0019 à 0^m,0023 (7/8 l. à 1 l.). — Larg. 0^m,0006 (1/4 ou presque 1/3.).

Corps oblong. *Tête* en carré transverse sur les deux tiers postérieurs; rétréci en devant; au moins aussi large que longue; tronquée postérieurement; avec ou sans trace de fossette occipitale; peu émoussée aux angles postérieurs, et presque aussi large au devant de ceux-ci que près des yeux; médiocrement convexe; marquée de points donnant chacun naissance à un poil cendré luisant, souvent chargée d'une ligne longitudinale médiaire lisse et légèrement saillante; d'un noir luisant. *Antennes* un peu épaissies vers l'extrémité; prolongées presque jusqu'à la moitié du corps; d'un flave testacé, parfois fauve ou d'un fauve obscur; hérissées de poils fins et peu serrés; à 2e article moins long que le 3e : les 3e à 6e faiblement plus larges vers l'extrémité : le 7e obtriangulaire : les 8e à 10e submoniliformes, élargis en ligne courbe de la base à l'extrémité, à peine aussi longs que larges. *Yeux* noirs; médiocrement saillants; séparés des angles postérieurs de la tête par un espace presque égal à leur diamètre longitudinal. *Prothorax* muni en devant d'un goulot court; dilaté et subarrondi vers la partie antérieure de ses côtés; offrant, vers les deux septièmes de sa longueur sa plus grande largeur; un peu plus étroit sur ce point que la tête; rétréci ensuite en ligne droite, ou en offrant à peine une sinuosité vers les deux tiers; d'un sixième ou d'un cinquième plus étroit dans ce point qu'à sa dilatation antéro-latérale; ordinairement sans rebord apparent ou peu distinctement rebordé à la base; d'un cinquième plus long que large; médiocrement ou peu fortement convexe; d'un noir luisant; à peine moins finement ponctué que la tête; garni d'une pubescence grise ou grisâtre; fine, courte et luisante. *Ecusson* petit; en triangle plus large que long. *Elytres* un peu échancrées en arc à la base; subarrondies aux épaules; oblongues; peu élargies dans leur milieu; obtusément arquées ou tronquées postérieurement; de trois quarts plus longues que larges, prises ensemble; obtusément ou médiocrement convexes; sans fossette humérale et sans dépression transverse vers le cinquième de leur longueur; noires, ou d'un noir brun, luisantes; moins finement ponctuées que le prothorax; garnies comme lui d'une pubescence fine, grisâtre, luisante, qui leur donne une teinte d'un noir ardoisé. *Dessous du corps* noir, assez finement ponctué sur la poitrine, brièvement pubescent et presque impointillé sur le ventre. *Pieds :* cuisses peu renflées vers leur extrémité, brunes, avec la base parfois moins obscures : tibias et tarses d'un flave testacé, parfois brunes ou brunâtres.

Cette espèce habite, dans notre pays, des zones différentes. Elle a été prise, dans les environs de Paris par M. Chevrolat; on la prend à Lyon et plus au midi sur les bords du Rhône. On la trouve également en Allemagne.

Variations (par défaut).

Var. α. Quand la matière colorante a été moins développée, le prothorax et les élytres sont d'une teinte moins foncée, d'un brun plus ou moins sombre; les antennes, les tibias et les tarses sont d'un flave orangé et les cuisses sont souvent d'un jaune ou rouge testacé brunâtre.

LAFERTÉ, l. c. Var. *b*.

Variations (par excès).

Var. β. Quand la matière colorante s'est développée en excès, les antennes, les tibias et les tarses passent du roux au testacé fauve, plus ou moins foncé : les pattes se montrent même parfois entièrement brunes.

LAFERTÉ, l. c. Var. β.

Var. β. Semblable à la variété β; mais ayant en outre le prothorax brun.

Près de l'*A. luteicornis* paraît devoir se placer l'espèce suivante que nous n'avons pas vue :

16. **Anthicus fusciornis**; Laferté.

Noir, subopaque; glabriuscule, tronquée postérieurement et marquée d'une fossette occipitale. Prothorax à goulot presque nul, rebordé à sa base, convexe. Elytres tronquées en devant, presque planes en dessus; densement et finement ponctuées. Antennes peu moniliformes; d'une teinte brune, rougeâtres vers la base. Cuisses noires : tibias et tarses bruns.

Anthicus fuscicornis. Laferté, Monogr. des Anth. p. 215. 124.

Long. 0m,0022 (1 l.). — Larg. 0m,0007 (1/3 l.).

Cette espèce paraît propre aux provinces méridionales et à l'Espagne. Elle a été prise une fois par M. de Laferté, dans les environs de Perpignan. Le comte Dejean en avait rapporté d'Espagne un exemplaire.

17. **Anthicus fenestratus**; Schmidt.

Suballongé; ponctué; noir, mais garni d'une pubescence d'un cendré argenté qui lui donne une teinte d'un noir ardoisé. Elytres marquées chacune d'une tache d'un roux testacé à limites indécises et parfois nulle, naissant de l'épaule et dirigée vers le quart de la suture qu'elle n'atteint pas. Tête en carré transverse sur ses deux tiers postérieurs. Prothorax subarrondi à sa dilatation antéro-latérale, rétréci ensuite en ligne droite jusqu'à sa base. Elytres comme rayées d'une strie juxta-suturale qui fait relever en saillie le rebord sutural sur une partie de sa longueur; majeure partie basilaire des antennes, tibias et tarses d'un roux testacé : extrémité des antennes et cuisses obscures, ou noirâtres. Cuisses antérieures médiocrement renflées.

♂ Dos de l'abdomen faiblement échancré à l'extrémité.

♀ Dos de l'abdomen terminé en angle.

Anthicus fenestratus. SCHMIDT, Stett. Entom. Zeit. t. III. (1842). p. 181. 22. — LAFERTÉ, Monogr. des Anth. p. 225. 137. KUSTER, Kæf. Europ. XVIII. 65. *Anthicus Pecchiolii* (MELLY).

Long. 0^m,0018 à 0^m,0022 (4/5 l. à 1 l.). — Larg. 0^m,0006 (1/4 l.).

Corps suballongé. *Tête* en carré transversal sur les deux tiers postérieurs, rétrécie en devant; plus large que longue; tronquée postérieurement; marquée d'un sillon occipital souvent peu ou point distinct; émoussée ou peu arrondie aux angles postérieurs et aussi large au devant de ces angles que près des yeux; peu convexe; lisse et légèrement saillante sur la ligne médiane, marquée sur le reste de points rapprochés; noire, peu ou point luisante; garnie d'une pubescence d'un cendré brillant, qui lui donne une teinte d'un noir ardoisé. *Antennes* sensiblement épaissies vers l'extrémité; à peine aussi longuement ou à peine plus longuement prolongées que la base du prothorax; d'un roux testacé sur la majeure partie basilaire, obscures ou noirâtres vers l'extrémité, brièvement pubescentes; 2e à 5e articles faiblement renflés vers l'extrémité : les 6e et 7e plus sensiblement obtriangulaires : le 8e en ligne un peu courbe sur les côtés : les 9e et 10e moniliformes, à peine aussi larges que longs : le dernier ovoïdo-conique, de moitié plus long que large. *Yeux* noirs, peu convexes, séparés des angles postérieurs de la tête par un espace presque égal à leur diamètre longitudinal. *Prothorax* muni en devant d'un goulot très-apparent; dilaté et subarrondi vers la partie antérieure de ses côtés; offrant vers le quart de sa longueur sa plus grande largeur, à peine aussi large dans ce point que la tête; rétréci ensuite jusqu'à la base; d'un cinquième plus long que large; médiocrement convexe; ponctué, coloré et pubescent à peu près comme la tête. *Ecusson* petit; noir, ardoisé; en triangle au moins aussi large que long. *Elytres* un peu échancrées en arc à la base : arrondies aux épaules; ovales-oblongues, sensiblement élargies un peu avant la moitié de leur longueur; obtusément tronquées ou arquées postérieurement, de trois quarts plus longues que larges, prises ensemble ; sans traces de fossette humérale et de dépression transverse; médiocrement ou peu fortement convexes, avec la seconde moitié au moins de leur région suturale un peu déprimée; creusées chacune sur cette seconde moitié d'une sorte de strie juxta-suturale, qui fait ressortir le rebord sutural un peu saillant, moins finement ponctuées que le prothorax; noires, et garnies d'une pubescence d'un cendré brillant, qui leur donne une teinte d'un noir ardoisé; ordinairement marquées sur l'épaule d'une tache d'un roux fauve ou testacé plus ou moins étendue, dirigée vers le quart de la suture qu'elle n'atteint pas, à limites indécises, et souvent obsolète ou nulle. *Dessous du corps* noir ou d'un noir brun ; pointillé sur la poitrine, presque impointillé sur le ventre; brièvement pubescent. *Pieds :* cuisses noires ou brunes : tibias et tarses d'un roux livide ou testacé : cuisses antérieures sensiblement arquées sur leur tranche externe, médiocrement renflées un peu après la moitié de leur longueur.

Cette espèce est exclusivement méridionale. Nous l'avons prise sur les bords de la mer, dans notre ancienne Provence. Elle a été prise en Corse par M. Nourrisson.

Variations (par défaut).

Var. *α*. Quand la matière colorante a été incomplètement développée. la tache humérale des élytres est plus apparente et ordinairement plus étendue, et parfois on voit sur la seconde moitié une tache fauve commune ou divisée en deux par la suture.

Obs. Les cuisses sont souvent alors moins obscures.

LAFERTÉ, l. c. Var. *b*.

Variations (par excès).

Var. *β*. Quand la matière noire a été plus abondamment développée, la tache des élytres disparaît ou devient peu apparente. On l'aperçoit même souvent à peine par transparence, en soulevant l'élytre.

Obs. Les parties claires des antennes et des pieds se montrent alors ordinairement plus foncées ou obscures.

LAFERTÉ. l. c. Var. β.

18. **Anthicus axillaris**; SCHMIDT.

Suballongé; finement ponctué sur la tête et le prothorax, moins finement sur les élytres. Tête carrée sur ses deux tiers postérieurs, tronquée et sans sillon occipital à sa partie postérieure, arrondie aux angles postérieurs et aussi large au devant de ceux-ci que près des yeux; lisse sur sa ligne médiane; noire. Prothorax noir, avec la base et souvent la partie antérieure rougeâtre; offrant vers le tiers sa plus grande largeur; rétréci ensuite en ligne presque droite jusqu'à la base; rebordé à celle-ci; plus long que large. Elytres ovales-oblongues, près d'une fois plus longues que larges réunies; noires, parées d'une tache ou bande subbasilaire et souvent d'une tache apicale suturale d'un roux fauve ou testacé: la basilaire, naissant de l'épaule et dirigée presque transversalement vers la suture; rayée sur leur seconde moitié d'une strie juxta-suturale. Antennes et pieds d'un roux testacé.

Anthicus axillaris (MARIETTI). SCHMIDT, Stett. entom. Zeit. t. III, p. 186. 26. — LAFERTÉ, Monog. d. Anth. p. 226. 38. — KUSTER, Kaef. Eur. XVIII. 66. — L. REDTENB., Faun aust. 2ᵉ édit. p. 639. — BACH, Kaeferf, t. III, p. 284. 10.

Long. 0m,0016 à 0m,0020 (3/4 à 9/10 l.). — Larg. 0m,0004 à 0m,0006 (1/4 l.).

Corps suballongé. *Tête* carrée sur ses deux tiers postérieurs, rétrécie et en triangle tronqué, en devant; tronquée sans sillon occipital à sa partie postérieure, arrondie ou subarrondie aux angles postérieurs et aussi large au devant de ceux-ci que près des yeux; peu convexe; noire, luisante; brièvement pubescente; finement ponctuée, avec la ligne médiane souvent lisse et à peine saillante. *Palpes* et *Antennes* d'un roux testacé : celles-ci, à peine plus longuement prolongées que la base du prothorax ; sensiblement épaissies vers le sommet ; à 2e article plus court que le 3e : les 3e à 6e obconiques : les 7e à 10e submoniliformes, plus larges, élargies en ligne courbe et graduellement plus courts : le 11e ovoïdo-conique. *Yeux* noirs, médiocrement saillants, séparés du bord postérieur de la tête par un espace à peu près aussi grand que leur diamètre longitudinal. *Prothorax* armé d'un goulot court, mais distinct ; subarrondi ; et dilaté vers la partie antérieure de ses côtés ; offrant vers le tiers de sa longueur sa plus grande largeur, plus étroit dans ce point que la tête, rétréci ensuite en ligne presque droite jusqu'à la base, ou subparallèle sur son quart postérieur ; muni à sa base d'un rebord étroit ; d'un cinquième plus long que large ; médiocrement convexe ; noir ; avec la base et parfois la partie antérieure, rougeâtres ; finement ponctué ; garni d'une pubescence cendré grisâtre mi-argenté. *Ecusson* noir ou brun ; très-petit, souvent peu distinct ; en triangle aussi large que long. *Elytres* un peu échancrées en devant ; à épaules subarrondies, à angle ouvert ; ovales-oblongues, graduellement un peu plus larges vers la moitié de leur longueur, rétrécies à partir des deux tiers ; subarrondies postérieurement ; médiocrement ou peu convexes sur le dos ; sans fossette humérale ; noires ou d'un noir brun ; parées d'une tache d'un roux testacé, à limites indécises, naissant de l'épaule ou à peine au dessous, et transversalement dirigée vers le cinquième de la suture qu'elle n'atteint pas ; paraissant parfois légèrement déprimées sur cette tache ; souvent parées à l'extrémité d'une tache de même couleur, suturale plus ou moins petite, subarrondie ou de forme variable ; moins finement ponctuées ; garnies d'une pubescence cendrée ; rayées sur leur seconde moitié d'une strie juxtasuturale qui fait paraître la suture légèrement saillante. *Dessous du corps* noir ou obscur. *Pieds* d'un roux testacé.

Cette espèce paraît principalement propre aux régions méridionales et un peu orientales de l'Europe. On la trouve en Italie et en Corse ; mais nous ignorons si elle a été prise sur le continent de la France.

Variation (par défaut).

Var. α. Quand l'insecte est plus ou moins décoloré par l'insuffisance de la matière noire, la tête se montre moins obscure, le prothorax plus incomplètement noir ou même entièrement d'un fauve testacé; les élytres à fond d'un noir grisâtre, montrent leurs taches agrandies, réunies entre elles sur la suture, et ne laissant de la couleur noirâtre, qu'une bande médiane raccourcie du côté interne, et une apicale plus pâle.

LAFERTÉ, l. c. Var. *b*.

Variations (par excès.)

Var. γ. Quand au contraire la matière noire a pris plus de développement, le prothorax est presque entièrement noir; les taches antérieures des élytres restent nettement isolées de la suture : les postérieures sont très-réduites ou presque nulles.

LAFERTÉ, l. c. Var. β.

Var. γ. Le prothorax entièrement ou presque entièrement noir. Taches antérieures des élytres obsolètes, les postérieures nulles.

LAFERTÉ, l. c. Var. γ.

19. **Anthicus quadrimaculatus**; LUCAS.

Suballongé; peu pubescent; finement ponctué; noir brun ou brun noir, en dessus. Tête en carré transverse sur ses deux tiers postérieurs, marquée d'un sillon occipital. Prothorax offrant vers les deux septièmes sa plus grande largeur, rétréci ensuite en ligne droite jusqu'à la base; plus long que large. Elytres oblongues, subparallèles; creusées d'une fossette humérale allongée; parées chacune de deux taches d'un rouge ferrugineux ou rouge brun, plus ou moins obscures : la 1re naissant de l'épaule et dirigée vers la suture, jusqu'à la moitié ou plus de leur largeur, en obliquant un peu en arrière : la 2e naissant un peu après la moitié du bord externe, et dirigée vers la suture qu'elle n'atteint pas, en obliquant aussi un peu en arrière. Antennes et pieds d'un rouge roux ou fauve.

Anthicus quadrimaculatus. LUCAS, Revue Zool. (1843). p. 146. — LAFERTÉ et LUCAS, Expl. sc. de l'Algérie. t. II. p. 374. 984. pl. 32. fig. 7. — LAFERTÉ, Monog. des Anth. p. 203. 108. — J. DU VAL, Gener. t. III. pl. 84. fig. 419.

Long. 0^m,0022 (1 l.). — Larg. 0^m,0008 (2/5 l.).

Corps suballongé. *Tête* en carré transverse sur les deux tiers postérieurs, rétrécie et obtuse, en devant; plus longue que large; tronquée postérieurement, avec un sillon occipital court et formant une légère échancrure; peu émoussée aux angles postérieurs et aussi large que près des yeux; assez convexe; peu pubescente; marquée de points petits, mais distincts, offrant ordinairement sur la ligne médiane une légère carène lisse; noire, peu luisante, avec les parties de la bouche d'un roux roux ou rouge testacé. *Antennes* sensiblement plus épaisses vers l'extrémité, un peu plus longuement prolongées que la base du prothorax; d'un rouge roux; hérissées de quelques poils; à 2e article plus long que large, un peu moins long que le 3e : les 4e et 5e à peine plus longs que larges : les 6e à 9e plus longs que larges : le 10e faiblement plus long que large : le 11e subconique, de moitié au moins plus grand que le précédent. *Yeux* ovales; noirs; médiocrement saillants, séparés du bord postérieur de la tête par un espace presque égal à leur diamètre longitudinal. *Prothorax* muni en devant d'un goulot très-court; un peu arqué en arrière et muni à la base d'un rebord aplati et peu saillant; dilaté et arrondi à la partie antérieure de ses côtés; offrant vers les deux septièmes ou un peu plus de sa longueur sa plus grande largeur; à peine aussi large dans ce point que la tête; rétréci ensuite en ligne droite jusqu'à la base; d'un quart moins large à celle-ci que dans son diamètre transversal le plus grand; plus long que large; assez convexe, surtout en devant; d'un noir brun ou d'un brun noir, avec la base souvent moins obscure; marqué de points aussi fins que ceux de la tête et donnant chacun naissance à un poil fin, obscur, couché et presque indistinct. *Ecusson* en triangle plus large que long; noir ou noir brun. *Elytres* un peu échancrées en arc en devant; subarrondies aux épaules; oblongues; subparallèles, à peine un peu plus larges un peu après la moitié de leur longueur; une fois environ plus longues que larges, prises ensemble; arrondies à leur partie postéro-externe jusqu'à l'angle sutural qui est un peu plus prolongé en arrière; médiocrement convexes; creusées d'une fossette humérale allongée, subconvexes entre celle-ci et la suture, et parfois comme chargée d'une ligne à peine saillante au côté externe de la fossette; sans dépression transverse; marquées de points moins petits et moins rapprochés que ceux du prothorax, donnant chacun naissance à un poil fauve, couché, fin, souvent usé ou peu apparent; d'un noir brun ou d'un brun noir, parées chacune de deux taches d'un rouge brunâtre ou ferrugineux à limites peu précises : l'antérieure, naissant de l'épaule, prolongée d'une manière un peu obliquement transverse jusqu'à la moitié au plus de leur largeur : la postérieure, naissant du bord externe, vers les quatre septièmes de leur longueur, étendue d'une manière un peu obliquement transverse en arrière jusqu'à la moitié ou au quart interne de leur largeur; souvent d'un rouge brun ou ferrugineux au côté externe de leur partie postérieure. *Dessous du corps* noir. *Pieds* d'un rouge roux; un peu pubescents : cuisses antérieures renflées dans leur milieu, au moins chez le ♂.

Cette espèce paraît être exclusivement méridionale. M. Lucas l'a trouvée en Algérie : M. de Laferté en a pris, dans les environs de Perpignan, un exemplaire, qu'a eu la bonté de nous communiquer M. le baron de Bonvouloir.

Variations.

Quand la matière colorante s'est développée avec plus d'abondance, les taches rouges deviennent plus obscures, plus indécises, moins ou même peu distinctes.

A cette variation se rapporte le

Anthicus brunneus. Laferté, Ann. de la Soc. entom. de Fr. t. XI. p. 215. pl. 10. n° 1. fig. 1.

20. **Anthicus tristis**; Schmidt.

Suballongé; noir; finement ponctué et pubescent, en dessus. Elytres parées chacune de deux bandes transversales, carnées ou d'un rouge testacé pâle : l'antérieure, subbasilaire : la postérieure, couvrant de la moitié aux quatre cinquièmes; garnies d'un duvet court et concolore sur les parties noires, long et cendré sur les bandes pâles. Tête en carré transverse sur les trois cinquièmes postérieurs, moins large que longue et sans traces de sillon occipital. Antennes testacées : 8e à 10e articles moniliformes. Pieds d'un livide testacé. Cuisses brunes.

♂ Dernier arceau du dos de l'abdomen tronqué, laissant apparaître le pygydium.

♀ Dernier arceau du dos de l'abdomen terminé en angle; sans traces de pygydium.

Anthicus tristis. Schmidt, Stett. Entom. Zeit. t. III (1842). p. 172. 11. — Laferté. Monogr. des Anth. p. 195. 102.

Obs. Peut-être faut-il rapporter à cette espèce l'*A. bifasciatus* de M. Kolenati, comme l'a fait observer M. Truqui.

Long. 0m,0020 à 0m,0025 (9/10 à 1 1/8). — Larg. 0m,0007 à 0m,0008 (1/3).

Corps suballongé. *Tête* en carré transverse sur les trois cinquièmes postérieurs, rétrécie en angle en devant; moins large que longue; tronquée postérieurement et sans traces de sillon occipital; émoussée aux angles postérieurs; médiocrement convexe; noire; pubescente. *Antennes* faiblement renflées vers l'extrémité; prolongées un peu plus longuement que la base du prothorax; testacées ou d'un testacé fauve; brièvement pubescentes et hérissées de quelques poils : à 2e article un peu moins large que le 3e : les 3e à 6e plus longs que larges, faiblement élargis de la base à l'extrémité : le 7e plus sensiblement : les 8e à

10e moniliformes, aussi longs que larges : le dernier parallèle sur ses trois cinquièmes basilaires, rétréci en angle obtus postérieurement. *Yeux* ovales, noirs; médiocrement convexes; séparés des angles postérieurs de la tête par un espace presque égal à leur diamètre longitudinal. *Prothorax* arqué en arrière et brièvement et peu distinctement rebordé à la base; dilaté et subarrondi vers la partie antérieure de ses côtés; offrant vers le quart de sa longueur sa plus grande largeur; un peu moins large ou à peine aussi large dans ce point que la tête, rétréci ensuite jusqu'aux deux tiers, d'un quart environ plus étroit dans ce point que dans son diamètre transversal le plus grand; subparalèle ensuite ou faiblement dilaté à la base; sensiblement moins large à celle-ci qu'à sa dilatation antérieure; d'un quart plus long que large; assez convexe surtout en devant; noir, peu luisant, finement ponctué et pubescent, comme la tête. *Ecusson* en triangle aussi long que large. *Elytres* échancrées en arc à la base; en ligne courbe depuis la base du prothorax jusqu'à l'épaule, peu saillantes à celle-ci; ovales-oblongues, faiblement élargies et en ligne presque droite jusques un peu après la moitié de leur longueur; arrondies à leur partie postéro-externe; obliquement tronquées à l'extrémité; près d'une fois plus longues que larges; obtusément ou peu fortement convexes; offrant à peine les traces d'une fossette humérale; sans traces de dépression transverse, vers le cinquième de leur longueur; à peine rayées à la base d'une ligne suturale très-courte; noires; un peu moins finement ponctuées que le prothorax; parées chacune de deux bandes transversales d'un blanc carminé ou couleur de chair, étendues à peu près depuis les côtés jusqu'à la suture : l'antérieure, naissant à l'épaule, et un peu dirigée en arrière, en se rapprochant de la suture : la postérieure, couvrant de la moitié aux quatre septièmes de leur longueur, un peu dirigée en arrière du côté externe; garnies d'un duvet concolore et peu apparent, sur les parties noires, et d'un duvet cendré et plus long sur les bandes pâles, et parfois disposé par quatre séries longitudinales. *Dessous du corps* noir. *Pieds* d'un livide testacé, avec les cuisses brunes.

Cette espèce paraît habiter toutes les zones de la France; mais jusqu'à présent elle n'a pas été trouvée bien communément nulle part.

Variations (par défaut).

Var. α. Quand la matière colorante n'a pas eu le temps de se développer, le dessus du corps est rougeâtre à l'exception des bandes des élytres et quelquefois du bord latéral de celle-ci qui sont d'un blanc flavescent.

Anthicus sericeus (DEJEAN). Catal. 1837. p. 238.
Anthicus tristis. LAFERTÉ, l. c. p. 196. Var. *b*.

Var. β. Quand la matière colorante, sans être aussi pauvre que dans la variation précédente, n'a pas son développement complet, la tête et le prothorax sont plus ou moins d'un rouge brun ou brunâtre, tous les deux ou l'un ou l'autre, et les élytres sont parfois brunes dans les parties qui devraient être noires.

Obs. Les cuisses sont variablement brunes ou d'une teinte plus pâle.

LAFERTÉ, l. c. Var. *b*. et *c*.

Variations (par excès).

Var. γ. Quand au contraire la matière colorante s'est développée en excès, les taches des élytres deviennent plus obsolètes ou peu apparentes; mais en soulevant l'élytre, comme l'a fait observer M. de Laferté, on fait reparaître la transparence des taches qui n'existent pas quand les étuis sont abaissés.

Obs. Dans les variations par excès les antennes brunissent vers les extrémités, et les tibias eux-mêmes deviennent souvent obscurs.

Anthicus fenestratus (DEJEAN). Catal. (1837). p. 238.
Anthicus tristis. LAFERTÉ, l. c. Var. β. et γ.

5e *Division*. Tête tronquée postérieurement. Prothorax convexe; sinué de chaque côté vers les deux tiers de la longueur, mais non creusé latéralement d'une fossette visible en dessus.

a Elytres noires, parées de taches ou de bandes pâles ou testacées.

b Dessus du corps pubescent et hérissé en outre de longs poils noirs.

c Elytres noires avec leur partie subbasilaire et la base du prothorax d'un roux testacé — 21. *Hispidus.*

cc Elytres parées chacune de deux taches ou bandes testacées. Prothorax noir. — 22. *Quadriguttatus.*

bb Elytres simplement pubescentes, non hérissées de longs poils noirs.

d Elytres noires, parées de taches pâles ou colorées.

Elytres parées chacune de deux bandes d'un rouge ou roux testacé ou en partie de cette couleur.

f Elytres noires, parées chacune de deux taches d'un flave ou livide testacé. — 23. *Quadrioculatus.*

ff Elytres d'un roux fauve ou testacé, avec une tache scutellaire et deux bandes noires. — 24. *Antherinus.*

ee Elytres noires, parées chacune de deux taches ou bandes blanches. — 25. *Tenellus.*

dd Elytres entièrement noires. — 26. *Ater.*

21. **Anthicus hispidus**; Rossi.

Suballongé, grossièrement ponctué surtout sur les élytres; hérissé de longs poils noirs, clairsemés; garni d'une faible pubescence d'un cendré grisâtre; noir, avec la base du prothorax d'un rouge fauve ou testacé, et une bande transversale de même couleur, couvrant du douzième au quart ou un peu plus de leur longueur, en laissant la suture à peine obscure. Tête en carré transverse sur les deux tiers postérieurs, offrant souvent les traces d'un sillon occipital; lisse sur la ligne médiane. Antennes et pieds d'un rouge testacé : cuisses en majeure partie noires : les antérieures un peu en massue.

♂ Dernier arceau du dos de l'abdomen obtusément tronqué, suivi d'un pygidium ordinairement voilé par les élytres.

♀ Dernier arceau de l'abdomen terminé en angle, et non suivi d'un pygydium.

Notoxus hispidus. Rossi, Mant. t. I. p. 46. — Id. Edit. Hellw. t. I. p. 386. 116.
Notoxus bicolor. Oliv., Entom. t. III. nº 51. 3. pl. 1. fig. 4 *a. b.* — Latr., Hist. nat. t. X. p. 356. 8.

Notoxus hirtellus. FABR., Suppl. p. 67. — PANZ., Faun. Germ. XXXV. fig. 3. — OLIV., Encycl. méth. t. VIII. p. 397. 26.

Anthicus hirtellus. FABR., Syst. Eleuth. t. I. p. 292. — SCHOENH., Syn. insect. t. II. p. 58. — GYLLENH., Ins. suec. t. IV. p. 507. — CASTELN., Hist. nat. t. II. p. 258.

Anthicus hispidus. SCHMIDT, Stett. entom. Zeit. t. III. p. 132. 8. — LAFERTÉ, Monogr. des Anth. p. 209. 115. — KUST., Kaef. Europ. IX. 55. — L. REDTENB., Faun. austr. 2e édit. p. 639. — BACH., Kaef. t. III. p. 285. 4.

Long. 0m,0022 à 0m,0026 (1 l. à 1 1/5). — Larg. 0m,0007 (1/3).

Corps suballongé. *Tête* en carré transverse sur ses deux tiers postérieurs, rétrécie et arrondie en devant; au moins aussi large (♀) ou un peu plus large (♂) que longue; tronquée postérieurement et offrant souvent les traces d'un sillon occipital; subarrondie aux angles postérieurs et à peine moins large que près des yeux; médiocrement convexe; d'un noir luisant; lisse sur sa partie longitudinale médiaire; marquée sur le reste de points assez grossiers; garnie de poils cendrés grisâtres couchés, peu épais; hérissée de longs poils noirs. *Antennes* sensiblement ou assez faiblement épaissies vers l'extrémité; un peu plus longuement prolongées que la base du prothorax; d'un rouge ou roux testacé; garnies d'une pubescence livide cendrée, fine, en partie hérissée; à 2e article plus court que le 3e : les 3e à 5e faiblement renflés vers l'extrémité : les 6e et 7e obtriangulaires : les 8e et 9e obtriangulaires, à côtés curvilignes : le 10e submoniliforme, aussi large que long : le dernier parallèle sur sa moitié basilaire, en cône dans la seconde, une fois environ plus long que large. *Yeux* noirs, médiocrement saillants, séparés des angles postérieurs de la tête par un espace égal environ aux deux tiers de leur diamètre longitudinal. *Prothorax* muni en devant d'un goulot apparent; arqué en arrière et muni d'un rebord, à la base; dilaté et subarrondi vers la partie antérieure de ses côtés; à peu près aussi large (♀), un peu moins large (♂) dans ce point que la tête; rétréci ensuite en formant une sinuosité sensible vers les deux tiers; d'un quart au moins plus étroit dans ce point qu'à sa dilatation antéro-latérale; d'un cinquième plus long que large; convexe; ordinairement noir ou d'un noir brun en devant, avec sa partie basilaire d'un rouge testacé sur une étendue variable;

marqué de points assez gros; hérissé de longs poils noirs; garni de poils cendrés ou d'un cendré grisâtre, couchés et peu serrés. *Ecusson* petit, en triangle au moins aussi large que long; subconvexe, brun. *Elytres* échancrées en arc à la base; subarrondies aux épaules; ovales-oblongues; subparallèles jusqu'aux deux tiers (♂) ou faiblement élargies dans leur milieu (♀); en ogive, prises ensemble, à leur extrémité; de trois quarts plus longues que larges, prises ensemble; médiocrement convexes; offrant variablement les traces d'une fossette humérale; peu ou point déprimées transversalement vers le cinquième de leur longueur; noires ou d'un noir brun luisant; parées chacune d'une bande d'un rouge testacé, couvrant depuis le douzième jusqu'au quart au moins de leur longueur, transversalement étendue depuis le bord externe jusqu'à la suture, en laissant celle-ci à peine obscure; marquées de points grossiers; hérissées de poils noirs, clairsemés; garnies de poils couchés d'un cendré grisâtre, peu épais. *Dessous du corps* noir; assez grossièrement ponctué sur la poitrine, plus finement sur le ventre; garni de poils cendrés grisâtres assez longs. *Pieds* hérissés de longs poils de cette couleur; d'un rouge ou roux testacé un peu livide : cuisses noires ou noirâtres, excepté à la base : les antérieures renflées dans leur milieu, un peu en massue : les autres, peu renflées.

Cette espèce n'est pas rare en France. On la trouve sous les détritus des végétaux, et sur les bords sablonneux des rivières, parmi les débris de matières organiques, rejetés par les flots.

Variations (par défaut).

Var. α. Quand la matière colorante noire a été moins développée, la bande pâle de chaque élytre se réunit avec sa pareille sur la suture et s'avance parfois jusqu'à la base.

Obs. Dans ces variations le prothorax est d'un rouge testacé sur une plus grande étendue basilaire, et parfois sur toute la surface. Les cuisses sont ordinairement d'un roux testacé ou plus pâle.

Anthicus hispidus. LAFERTÉ, l. c. var. *b*. et *c*.

Variations (par excès).

Var. β. Quand la matière noire a été plus abondante, la bande des élytres se raccourcit plus ou moins du côté de la suture qui reste plus distinctement noire ou obscure; le prothorax est plus brièvement et souvent plus obscurément rougeâtre à la base.

Anthicus hispidus. LAFERTÉ, l. c. var. β et γ.

22. **Anthicus quadriguttatus**; ROSSI.

Suballongé; d'un noir luisant, grossièrement ponctué, surtout sur les élytres; hérissé de longs poils noirs. Elytres marquées d'une dépression transverse; parées chacune de deux taches d'un flave rosat : l'une, située sur sa dépression, étendue transversalement presque jusqu'à la suture qui reste noire : l'autre en ovale un peu obliquement transverse, sur le disque, des deux tiers aux quatre cinquièmes, isolée de la suture et du côté externe; garnies d'un duvet concolore sur les parties noires, d'un blond livide et plus long sur les taches. Tête en carré transverse sur les deux tiers postérieurs, tronqué et sans sillon occipital. Antennes et pieds d'un roux testacé livide. Cuisses noirâtres, médiocrement renflées dans leur milieu.

♂ Dernier arceau du dos de l'abdomen tronqué et échancré, laissant apparaître le pygidium.

♀ Dernier arceau de l'abdomen terminé en angle; sans traces de pygidium.

Notoxus quadriguttatus. ROSSI, Mant. t. I. p. 48. et t. II. Append. p. 131. — Id. Edit. Hellw. t. I. p. 388. 21.
Anthicus quadrinotatus. GYLLENH., Ins. suec. t. II. p. 498. 8. — STEPH. illustr. t. V. p. 74.
Anthicus bifasciatus. CASTELN., Hist. nat. t. II. p. 259 ?
Anthicus guttatus (HOFFMANSEGG., DEJEAN). Catal. 1837. p. 238. — LAFERTÉ, Ann. de la Soc. entom. de Fr. t. XII. p. 248.

Anthicus 4-guttatus. SCHMIDT, Stett. entom. Zeit. t. III (1842). p. 134. 9. — LAFERTÉ, Monogr. des Anth. p. 207. 114. — KUSTER, Kaef. Europ. XVIII. 58. — REDTENB., Faun. austr. 2e édit. p. 639. — BACH, Kaeferf. t. III. p. 285. 5.

Long. 0m,0022 à 0m,0029 (1 l. à 1 l. 1/3). — Larg. 0m,0007 (1/3).

Corps suballongé. *Tête* en carré transverse sur ses deux tiers postérieurs, rétrécie et subarrondie en devant; au moins aussi large ou un peu plus large que longue; tronquée postérieurement et sans traces de sillon occipital; subarrondie aux angles postérieurs et à peu près aussi large que près des yeux; médiocrement convexes; d'un noir luisant; lisse et légèrement élevée en carène obtuse sur la ligne médiane; marquée, sur le reste, de points assez gros; hérissée de longs poils noirâtres. *Antennes* assez faiblement épaisses vers l'extrémité; à peine plus largement prolongées que la base du prothorax; d'un roux testacé souvent un peu moins clair vers l'extrémité; hérissées de poils clairsemés : à 2e article presque aussi grand que le 3e : les 3e à 5e faiblement renflés vers l'extrémité : les 6e et 7e plus sensiblement obtriangulaires : le 8e à côtés un peu courbes : les 9e et 10e submoniliformes, à peine plus longs que large : le dernier-ovoïde conique ou subparallèle sur sa moitié basilaire, rétréci postérieurement, près d'une fois plus long que large. *Yeux* noirs, médiocrement saillants; séparés des angles postérieurs par un espace égal à environ les deux tiers de leur diamètre longitudinal. *Prothorax* muni en devant d'un goulot apparent; assez peu arqué en arrière et muni d'un rebord non saillant, et souvent peu apparent à la base; dilaté et arrondi vers la partie antérieure de ses côtés; à peu près aussi large, dans ce point, que la tête; rétréci ensuite, en formant une légère sinuosité vers les deux tiers; d'un quart au moins plus étroit dans ce point qu'à sa dilatation latérale antérieure; un peu plus long que large; convexe; noir luisant, mais paraissant d'un noir un peu ardoisé; marqué de points assez gros; hérissé de longs poils bruns; garni d'une pubescence d'un blanc cendré ou cendrée, constituant deux bandes longitudinales postérieurement un peu convergentes, mais souvent peu apparentes. *Ecusson* petit; en triangle aussi long que large; noir ou noirâtre. *Elytres* échancrées en arc à la base; arrondies aux épaules; subparallèles ensuite ou faiblement élargies dans leur milieu ; arrondies à leur partie postéro-externe, obliquement tronquées en ligne ovale à leur partie postérieure ; de trois quarts plus longues que larges ; un peu obtusément convexes ; ordinairement sans traces de fossette humérale ; marquées d'une dépression un peu obtusément transverse, vers le cinquième de leur longueur ; d'un noir ou noir brun luisant ; parées chacune de deux taches d'un blond carné ou d'un flave rosat : la première, située sur la dépression, en forme de bande transversale rétrécie près de la suture qu'elle laisse noire : la seconde, en forme d'ovale un peu obliquement transverse, situé sur le disque, des deux tiers aux quatre cinquièmes de la longueur, presque également séparées du côté externe et de la suture ; marquées de points grossiers, donnant naissance à des poils, les uns noirs, hérissés et clairsemés : les autres, couchés, obscurs sur les parties noires, d'un blond livide et plus longs sur les taches claires. *Dessous du corps* noir, luisant ; ponctué sur la poitrine, pointillé sur le ventre ; garni de poils gris assez longs et couchés. *Pieds* hérissés ou garnis de longs poils ; d'un roux testacé livide, avec les cuisses brunes ou noirâtres. *Cuisses* antérieures plus sensiblement arquées sur leurs tranches antérieures et un peu plus renflées dans leur milieu.

Cette espèce paraît être exlusivement méridionale. Nous l'avons prise dans les environs de la Seyne (Var).

Variations (par défaut).

Var. α. Quand la matière colorante n'a pas eu le temps de se développer, la tête et le prothorax sont d'un rouge brun ou brunâtre, les élytres plus ou moins décolorées, les taches plus étendues.

Obs. La tache antérieure s'unit à la pareille sur la suture. Les pieds sont d'un testacé livide.

LAFERTÉ, l. c. Var. *c*.

Var. β. Quand le corps n'a pas reçu sa coloration complète les taches sont plus pâles et plus étendues : la première est souvent complètement transversale.

Obs. Les antennes et les pieds sont aussi plus pâles que dans l'état normal.

LAFERTÉ, l. c. Var. *b*.

Variation (par excès).

Var. γ. Quand la matière colorante s'est développée en abondance, les taches des élytres sont plus ou moins restreintes : les postérieures se trouvent souvent réduites à une sorte de point : les antérieures plus ou moins raccourcies du côté de la suture, sont réduites parfois à une sorte de triangle.

LAFERTÉ, l. c. Var. β et γ.

23. **Anthicus quadrioculatus**; WALTL.

Suballongé ; pubescent ; tête et prothorax densement et finement ponctués : la tête en carré transversal sur les deux tiers postérieurs, et sans sillon occipital ; noire, mais paraissant d'un noir ardoisé : le prothorax ordinairement fauve testacé, parfois brun noir. Elytres d'un brun noir ; parées chacune de deux taches d'un flave ou livide testacé : l'antérieure, en triangle dont le sommet touche au calus : la seconde suborbiculaire, sur le disque, des trois presque ou quatre cinquièmes de leur longueur. Antennes et pieds testacés ou d'un roux testacé. Cuisses souvent noires : les antérieures médiocrement renflées dans leur milieu.

♂ Abdomen tronqué à son extrémité et laissant paraître le pygidium.

♀ Abdomen terminé en angle obtus à l'extrémité.

Anthicus quadrimaculatus (DEJEAN), Catal. (1833). p. 216. — Id. (1837). p. 238.
Anthicus quadriguttatus. WALTL, Reis. n. Span. 2e part. p. 75.
Anthicus quadrioculatus. LAFERTÉ, Monog. d. Anth. p. 2[illegible]1. 107. — J. DU VAL, Gener. pl. 84. fig. 419.

Long. 0m,0036 à 0m,0042 (1 l. 2/3 à 1 l. 7/8). — Larg. 0m,0009 à 0m,0013 (2/5 l. à 3/5 l.).

Corps suballongé. *Tête* en carré transverse sur ses deux tiers postérieurs, rétrécie et obtusément tronquée en devant; un peu plus longue (♂) ou à peine aussi longue (♀) que large; tronquée postérieurement et sans traces de sillon occipital; arrondie aux angles postérieurs et presque aussi large que près des yeux; densement ponctuée; noire, garnie d'une pubescence cendrée qui lui donne une teinte d'un noir ardoisé. *Antennes* sensiblement plus épaisses vers l'extrémité; à peine plus longuement prolongées que la base du prothorax; testacées ou d'un roux fauve; à 2e article plus court que le 3e : le 5e aussi long que le dernier : les 3e à 6e, faiblement plus épais vers l'extrémité : les 7e à 9e, obtriangulaires, plus longs que larges : le 10e à peine plus long que large : le 11e subparallèle jusqu'à la moitié, rétrécie ensuite jusqu'à l'extrémité, de trois quarts plus large que long. *Yeux* ovales; noirs, médiocrement saillants, séparés des angles postérieurs de la tête par un espace presque aussi grand que leur diamètre longitudinal. *Prothorax* un peu arqué en arrière et muni à la base d'un rebord non saillant; dilaté et arrondi vers la partie antérieure de ses côtés; offrant vers les deux septièmes de sa longueur sa plus grande largeur; à peine (♂) ou à peu près (♀) aussi large dans ce point que la tête; rétréci ensuite jusqu'aux cinq septièmes; d'un quart plus étroit dans ce point qu'à sa dilatation latérale, subparallèle ensuite ou à peine renflé vers la base; d'un quart plus long que large; assez convexe surtout en devant; d'un roux fauve; densement ponctué, et garni comme la tête d'une pubescence cendrée ou cendré grisâtre. *Ecusson* petit, en triangle aussi large que long; nébuleux. *Elytres* un peu échancrées en arc en devant; subarrondies aux épaules; ovales-oblongues, faiblement élargies dans leur milieu; une fois plus longues que larges, prises ensemble; obtusément ou peu fortement convexes; offrant ordinairement les traces d'une fossette humérale; sans dépression transverse; ordinairement creusées sur la suture vers l'écusson, d'un sillon court, plus ou moins prononcé; d'un noir ou brun de poix; parées chacune de deux taches d'un flave testacé; l'antérieure presque en triangle inéquilatéral dont le sommet repose sur le calus, dont les côtés extérieurs couvrent le bord latéral et dont la base s'étend jusqu'aux deux septièmes internes de leur largeur : la seconde, subarrondie, sur le disque, des trois presque aux quatre septièmes de la longueur; marquées de points noirs serrés et moins petits que ceux du prothorax, un peu affaiblis postérieurement; garnies d'une pubescence peu serrée, grise ou obscure sur les parties noires, roussâtre sur le reste. *Dessous du corps* noir ou brun. *Pieds* d'un flave testacé ou testacés, avec les genoux obscurs ou les cuisses souvent noirâtres : cuisses antérieures médiocrement : les autres faiblement renflées dans leur milieu.

Cette espèce se trouve dans les environs de Lyon, dans les saussaies; nous l'avons prise également en Provence dans les environs de Digne.

Variations (par défaut).

Var. α. Quand la matière colorante n'a pas eu le temps de se développer, la tête est moins obscure et les parties noires des élytres moins foncées.

Obs. Les cuisses sont ordinairement alors testacées et le prothorax d'un fauve testacé plus clair que dans l'état normal.

LAFERTÉ, l. c. Var *b*.

Variations (par excès).

Var. β. Quand au contraire la matière colorante a pu se développer en abondance, le prothorax passe au brun ou au brun noirâtre : les antennes, les tibias et tarses prennent une teinte plus foncée que dans l'état normal.

LAFERTÉ, l c. Var. β.

24. **Anthicus antherinus**; LINNÉ.

Dessus du corps garni d'une courte pubescence grise. Tête et prothorax noirs, densement et finement ponctués : la tête en carré transverse sur ses deux tiers postérieurs : le prothorax plus long que large, convexe, rétréci presque en ligne droite à partir du tiers. Elytres d'un roux fauve, parées d'une tache scutellaire et de deux bandes, noires : l'antérieure, vers le milieu de leur longueur, ordinairement remontant le long de la suture jusqu'à la tache scutellaire : la postérieure apicale, déhiscente en devant sur la suture avec sa pareille ; la bande noire antérieure plus ou moins développée, mais rarement assez pour se confondre avec la postérieure. Cuisses noires ; peu renflées : tibias et tarses d'un roux fauve.

♂ Dernier arceau du dos de l'abdomen tronqué ou légèrement échancré, laissant distinctement apercevoir un pygidium. Trochanter des cuisses postérieures ordinairement terminé par une pointe aiguë.

♀ Dernier arceau du dos de l'abdomen terminé en angle, non suivi d'un pygidium. Trochanter des cuisses postérieures inerme.

Meloe antherinus. LINN., Faun. suec. p. 228. 829. — Id. Syst. nat. 12e édit. t. I. p. 681. 16. — MULLER (P. L. S.). C. LINN., Natursyst. t. V. 1. p. 384. 16. — DE VILLERS, C. LINN., Entom. t. I. p. 402. 11.

Lagria antherina. FABR., Syst. entom. p. 126. — Id. Mant. inst. t. I. p. 94. 24. — GMEL., C. LINN., Syst. nat. t. I. p. 1731. — ROSSI, Faun. etr. t. I. p. 109. 278. — Id. Edit. HELLW. t. I. p. 115. 278.

Notoxus antherinus. FABR., Entom. Syst. t. I. 1. p. 212. — ILLIG., Kaef. preuss. t. I. p. 288. 3. — PANZ., Faun. Germ. XI. fig. 14. — Id. Ent. germ. p. 87. 6. — CEDERH., Faun. ingr. prodr. p. 35. 107. — OLIV., Encycl. méth. t. VIII. p. 395. 16. — LATR., Hist. nat. t. X. p. 355. — LAMARCK, Anim. S. vest. t. IV. p. 420. 2. — L. DUFOUR, Excurs. p. 71. 427.

Anthicus antherinus. PAYK, Faun. suec. t. I. p. 255. 2. — FABR., Syst. Eleuth. t. I. p. 291. 13. — SCHOENH. Syn. ins. t. II. p. 56. 20. — GYLLENH., Ins. suec. t. II. p. 492. 3. — ZETTERST., Faun. lapp. p. 274. 2. — Id. Ins. lapp. p. 158, 2. — SAHLB, Ins. fenn. t. I. p. 438. — STEPH., Illustr. t. V. p. 73. — CASTELN., Hist. nat. t. II. p. 258. pl. 20. fig. 5. — SCHMIDT, Stett. Entom. Zeit. t. III. p. 129. 5. — LAFERTÉ, Monogr. d. Anth. p. 198. 104. — KUSTER, Kaef. Europ. XIII. 69. — L. REDTENB., Faun. austr. 2e édit. p. 640. — BACH, Kaeferf. t. III. p. 287. 14.

Lytta antherina. MARTYN, Engl. entom. pl. 39. fig. 3. — MARSH., Entom. brit.

Notoxus cinctellus. ROSSI, Mant. t. I. p. 46. 115. pl. 2. fig. D. — Id. édit. Hellw. t. I. p. 386. 115.

Long. 0m,0030 à 0m,0035 (1 l. 2/5 à 1 l. 3/5). — Larg. 0m,0010 à 0m,0013 (1/2 l. à 3/5).

Corps suballongé. *Tête* en carré transverse sur les deux tiers postérieurs, rétrécie et obtusément arrondie en devant; au moins aussi longue que large (♂) ou plus large que longue (♀); tronquée postérieurement et sans traces de sillon occipital; émoussée ou subarrondie aux angles postérieurs; densement ponctuée; noire et garnie d'une pubescence grisâtre qui la rend d'un noir terne. *Antennes* un peu plus épaisses vers l'extrémité; un peu plus longuement prolongées que la base du prothorax; brunes ou parfois d'un brun rougeâtre; brièvement pubescentes; à 2e article plus court que le 3e : les 3e à 6e plus longs que larges, faiblement renflés vers l'extrémité : les 7e et 8e plus sensiblement élargis à celle-ci : les 9e et 10e presque carrés, aussi larges que longs; le dernier ovoïdo-conique, de moitié plus long que large. *Yeux* ovales, noirs; médiocrement saillants, séparés des angles postérieurs de la tête par un espace presque égal à leur diamètre longitudinal. *Prothorax* arqué en arrière et muni à la base d'un rebord souvent peu distinct; dilaté et arrondi vers la partie antérieure de ses côtés; offrant vers le tiers de sa longueur sa plus grande largeur; à peu près aussi large (♂) ou aussi large (♀) dans ce point que la tête, rétréci ensuite presque jusqu'aux trois quarts de sa longueur, d'un quart moins large dans ce point qu'à sa dilatation; subparallèle ensuite ou à peine renflé vers la base; d'un sixième plus long que large; assez convexe, surtout en devant; noir; ponctué et garni de pubescence comme la tête. *Écusson* petit; triangulaire, presque aussi large que long, obscur, pubescent. *Elytres* un peu échancrées, en arc à la base; subarrondies aux épaules, ovales-oblongues; assez faiblement élargies dans leur milieu; arrondies à leur partie postéro-externe, obliquement tronquées à l'extrémité; près d'une fois plus longues que larges, prises ensemble; obtusément et peu fortement convexes; creusées en devant d'une fossette humérale assez faible ou peu profonde; sans dépression transverse; d'un roux fauve, parées d'une tache scutellaire et de deux bandes, noires : la tache scutellaire étendue en devant jusqu'à la fossette humérale, obtriangulaire, prolongée presque jusqu'au quart de la suture : la bande noire, antérieure, couvrant du quart aux quatre septièmes ou un peu plus du bord externe, raccourcie dans le sens de la longueur de dehors en dedans, sur la moitié interne en non étendue tout à fait jusqu'à la suture, vers laquelle elle remonte jusqu'à la tache scutellaire, à laquelle elle s'unit, en formant avec sa pareille un angle sutural dirigé en avant, liée par la partie inférieure de son bord latéral à la bande postérieure : celle-ci formée sur chaque élytre d'une grosse tache en ovale transversal, liée à la bordure noire latérale, avancée un peu plus que le cinquième postérieur de leur longueur, et seulement unie à sa pareille sur son tiers postérieur du côté de la suture : les parties noires laissant de couleur d'un roux fauve, sur chaque élytre, 1° une tache ovale, un peu obliquement longitudinale sur la partie externe, de la première moitié ; 2° entre la bande antérieure et la postérieure, une bande transversale, formant avec sa pareille un angle dirigé en avant sur la suture, et un prolongement sutural linéaire, en arrière ; marquées de points moins rapprochés que ceux du prothorax, et garnies d'une pubescence obscure sur les parties noires, et presque concolore sur les parties d'un roux fauve. *Dessus du corps* noir, pointillé, pubescent. *Pieds* assez allongés : cuisses noires, parfois avec la base fauve : tibias et tarses d'un roux fauve ou testacé : cuisses, même les antérieures, faiblement renflées dans leur milieu.

Cette espèce est commune dans toute la France, et même dans toute l'Europe. On la trouve dans les matières végétales en décomposition, dans le terreau, au pied des plantes, et parfois sur les fleurs.

Variations (par défaut).

Var. α. Quand la matière colorante n'a pas eu le temps de se développer, la tête et le prothorax sont d'un rouge testacé ou brunâtre ; les élytres d'un jaune testacé et offrant souvent à peine des traces des signes noirs.

Anthicus antherinus. GYLLENH., l. c. Var. ε. — LAFERTÉ, l. c. Var. *d*.

Var. β. Bande transversale médiaire réduite à une tache latérale : les autres plus ou moins complètement indiquées. Couleur d'un roux fauve souvent plus pâle.

Anthicus antherinus. SCHMIDT, l. c. V. γ. — LAFERTÉ, l. c. Var. *c*.

Var. γ. Bande transversale médiaire grêle, réduite dans ses proportions, laissant prendre à la couleur d'un roux testacé un plus grand développement.

Obs. La bande postérieure est réduite parfois à deux taches ovales isolées de la suture, et les cuisses sont quelquefois d'un rouge testacé ou brunâtres.

LAFERTÉ, l. c. Var. *d*.

Variations (par excès).

Var. δ. Bande noire médiaire étendue jusqu'à la suture, et ne laissant pas sur celle-ci avec sa pareille un angle dirigé en avant de couleur roux fauve.

GYLLENH., l. c. V. *b*. — LAFERTÉ, l. c. Var. β.

Var. ε. Bande noire du milieu des élytres notablement plus développée que dans la variété précédente, réduisant l'espace occupé par la partie d'un roux fauve antérieure, liée à la bande postérieure par une bordure suturale noire, et réduisant la bande d'un roux fauve située entre elle et la bande postérieure, à une tache ou bande transverse souvent un peu oblique, n'atteignant sur chaque élytre, ni la suture, ni le bord externe.

LAFERTÉ, l. c. Var. γ.

Var. ζ. Bande noire du milieu des élytres confondue avec la postérieure, et ne laissant plus entre elle et la postérieure de traces de la couleur d'un roux fauve.

GYLLENH., t. IV. p. 506. Var. *d*. — LAFERTÉ, l. c. var. δ.

Gyllenhal indique une variété ayant le corps tout noir, à l'exception des tibias et des tarses qui restent testacés. Nous n'avons pas eu occasion de la voir.

25. **Anthicus tenellus**; LAFERTÉ.

Allongé, noir ou d'un noir fuligineux peu luisant, finement pointillé et garni d'un duvet cendré ou cendré grisâtre très-fin. Tête en carré transverse sur les trois cinquièmes postérieurs et d'un sillon occipital. Elytres creusées d'une dépression un peu obliquement transverse, vers le cinquième de sa longueur et d'un sillon sutural scutellaire; parées chacune de deux taches transverses d'un blanc carné : la 1re, sur la dépression transverse : la 2e, vers les trois cinquièmes ou un peu plus, un peu obliquement dirigée en arrière sur les côtés. Base des antennes, des cuisses, tibias et tarses d'un fauve testacé : tiers ou moitié postérieure des antennes et majeure partie des cuisses obscurs.

♂ Dernier segment de l'abdomen obtusément tronqué, laissant plus ou moins apparaître le pygidium. Cuisses antérieures sensiblement plus renflées.

♀ Dernier segment de l'abdomen terminé en angle; sans trace de pygidium. Cuisses antérieures à peine plus renflées que les autres.

Anthicus tenellus (HOFFMANN). (DEJEAN). Catal. (1833). p. 216. — Id. (1837). p. 238. — LAFERTÉ, Ann. de la Soc. entom. de France. t. XI. (1842). p. 251. — Id. Monogr. des Anth. p. 188. 95.

Anthicus amœnus. SCHMIDT, Stett. entom Zett. t. III (1842). p. 176. 16. — KUSTER, Kæf. Europ. XIII. 72.

Long. 0m,0025 à 0m,0033 (1 l. 1/8 à 1 l. 1/2). — Larg. 0m,0007 à 0m,0009 (1/3 à 2/5).

Corps suballongé. *Tête* en carré transverse sur ses trois cinquièmes postérieurs, rétrécie en angle en devant; à peine aussi large que longue; émoussée aux angles postérieurs; sans apparence de sillon occipital; médiocrement ou peu fortement convexe; noire, peu luisante; pointillée; garnie d'une pubescence grisâtre, parfois épilée, et paraissant alors plus luisante; offrant souvent la ligne longitudinale médiane relevée en arrière à peine appréciable. *Antennes* sensiblement renflées vers l'extrémité; à peine plus longuement prolongées que la base du prothorax; fauves ou d'un fauve testacé à la base, d'un fauve obscur ou brunâtre vers l'extrémité; hérissées de poils fins et assez serrés; à 2e article plus court que le 3e : les 3e à 6e faiblement allongés et élargis de la base à l'extrémité : les 7e, 8e et 9e plus sensiblement élargis et en ligne courbe : le 10e à peine plus long que large : le dernier, ovoïdo-conique, un peu plus obtus à son extrémité, de moitié plus long que large. *Yeux* ovales; noirs; médiocrement saillants; séparés des angles postérieurs de la tête par un espace égal environ aux trois quarts, ou un peu moins de leur diamètre longitudinal. *Prothorax* arqué en arrière, à la base; muni à celle-ci d'un rebord aplani, souvent peu apparent précédé par une fine ligne transversale; dilaté et arrondi vers la partie antérieure de ses côtés; offrant vers le tiers de sa longueur sa plus grande largeur; sensiblement moins large dans ce point que la tête; rétréci ensuite jusqu'aux deux tiers, d'un cinquième ou d'un quart plus étroit dans ce point que dans son diamètre transversal le plus grand, plus faiblement élargi ou dilaté vers la base; un peu moins large à celle-ci qu'à sa dilatation antérieure; d'un quart moins large que long; assez convexe, surtout en devant; noir, peu luisant, finement pointillé et pubescent comme la tête. *Ecusson* en triangle aussi large que long; noir. *Elytres* garnies à la base de cils dirigés en arrière; subarrondies aux angles huméraux; ovales oblongues; sensiblement élargies vers la moitié de leur longueur ou un peu après, arrondies à leur partie postéro-externe; obtusément tronquées à l'extrémité; une fois plus longues que larges, réunies, obtusément convexes; ordinairement sans traces de fossette humérale; marquées, vers le cinquième de leur longueur, d'une dépression un peu obliquement transverse; creusées d'une dépression ou d'un sillon sutural basilaire; noires, peu luisants; finement pointillées; parées chacune de deux taches d'un blanc carné ou flavescent, non liées au bord externe et non étendues jusqu'à la suture; l'antérieure, sur sa dépression transverse, élargie presque en triangle de dedans en dehors : la postérieure naissant près de la suture, un peu après les trois cinquièmes de leur longueur, un peu obliquement dirigée en arrière sur les côtés : les taches plus ou moins apparentes sous la pubescence qui les recouvre. *Dessous du corps* noir ou noir brun, brièvement pubescent : plaques latérales du mésosternum suborbiculaire; ponctuées, parées d'une frange périphérique de poils cendrés très-fins. *Pieds* pubescents; fauves ou d'un fauve testacé, avec les cuisses en majeure partie brunes ou noires : les cuisses peu médiocrement renflées dans leur milieu.

Cette espèce se trouve sur les bords du Rhône, dans les environs de Lyon, et plus particulièrement dans nos provinces plus méridionales. Elle est répandue dans tout le midi de l'Europe et dans le nord de l'Afrique.

Obs. L'extrémité des antennes et les cuisses sont plus ou moins foncées.

Les taches varient de teinte et passent du blanc incarnat au flave pâle. Elles sont naturellement plus visibles quand la pubescence qui les recouvre est enlevée.

26. **Anthicus ater**; PANZER.

Suballongé; entièrement noir; presque glabre, garni d'une pubescence courte et peu apparente; tête en carré transverse sur ses deux tiers postérieurs; arrondie aux angles postérieurs, rayée d'un sillon occipital et échancrée à l'extrémité de celui-ci. Prothorax à peine sinué vers les deux tiers; légèrement relevé en rebord à la base; plus long que large, convexe. Elytres subparallèles, graduellement à peine élargies vers la moitié de leur longueur; une fois plus longues que larges, prises ensemble; fortement ponctuées; sans fossette humérale. Antennes et pieds noirs : tarses souvent moins obscurs. Cuisses médiocrement renflées dans leur milieu.

♂ Dernier arceau de l'abdomen un peu échancré, laissant apparaître le pygidium. Cuisses antérieures plus sensiblement renflées.

♀ Dernier arceau de l'abdomen terminé en angle; sans traces de pygidium.

Notoxus ater (HELLW.). PANZ., Faun. Germ. XXXI. fig. 15. — ILLIG. Kaef. preuss. t. I. p. 290. 7. — OLIV., Encycl. méth. t. VIII. p. 397. — LATR. Hist. nat. t. X. p. 357.

Anthicus ater. PAYK, Faun. suec act. Holm. 1801. p. 117. — SCHOENH., Syn. ins. t. II. p. 56. — GYLLENH., Ins. suec. t. II. p. 494. 5. — ZETTERST., Faun. lapponic. p. 274, nº 3. — Id. Ins. lapp. p. 158. — SAHLB., Ins. fenn. t. I. p. 439. — STEPH. Illustr. t. V. p. 72. — SCHMIDT, Stett. Entom. Zeit. t. III. p. 177. 17. — KUSTER, Kaef. Europ. XVIII. 64. — L. REDTENB., Faun. Austr. 2e édit. p. 638. — BACH, Kaeferf. t. III. p. 284. 1.

Long. 0m,0028 à 0m,0036 (1 l. 1/4 à 1 l. 3/4). — Larg. 0m,0008 à 0m,0010 (1/3 à 1/2 l.).

Corps suballongé. *Tête* en carré transverse sur les deux tiers postérieurs; rétrécie et arrondie en devant; un peu plus longue que large; tronquée postérieurement, creusée d'un sillon occipital, et ordinairement échancrée à l'extrémité de celui-ci; arrondie aux angles postérieurs et au moins aussi large (♂) au devant de ceux-ci que près des yeux; peu convexe; d'un noir luisant; marquée de points assez fins et médiocrement rapprochés; presque glabre; offrant parfois en devant les traces d'une légère carène. *Antennes* épaissies vers l'extrémité; un peu plus longuement prolongées que la base du prothorax; noires ou d'un noir brun; hérissées de poils concolores; à 2e article un peu plus court que le 3e; les 4e à 6e faiblement plus longs que larges; élargis vers leur extrémité: les 7e à 10e élargis en ligne courbe vers leur extrémité: les 7e et 8e au moins aussi longs que larges: les 9e et 10e, à peine aussi longs que larges: le dernier ovoïdo-conique, de moitié ou des trois quarts plus long que large. *Yeux* noirs; médiocrement saillants; séparés des angles postérieurs de la tête par un espace plus grand que leur diamètre longitudinal. *Prothorax* muni en devant d'un goulot très-apparent; dilaté et subarrondi vers la partie antérieure de ses côtés; offrant vers les deux septièmes de sa longueur sa plus grande largeur; à peine ou à peu près aussi large dans ce point que la tête; rétréci ensuite et formant vers les deux tiers une faible sinuosité; d'un quart environ plus étroit dans ce point qu'à sa dilatation antéro-latérale; ordinairement légèrement relevé en rebord ou parfois sans rebord apparent, à la base; d'un cinquième environ plus long que large; convexe; d'un noir luisant; marqué de points aussi fins et au moins aussi rapprochés que ceux de la tête; presque glabre, garnie comme celle-ci d'un duvet cendré grisâtre, court, fin, peu apparent, parfois usé. *Ecusson* en triangle aussi large que long; noir. *Elytres* échancrées en arc à la base; arrondies aux épaules; oblongues, graduellement et à peine élargies vers la moitié de leur longueur; obtusément tronquées ou arquées postérieurement; une fois plus longues que larges, prises ensemble; médiocrement ou obtusément convexes; ordinairement sans traces de fossette humérale, sans dépression transverse vers le cinquième de leur longueur; marquées de points beaucoup plus gros et moins rapprochés que ceux du prothorax; d'un noir luisant; presque glabres. *Dessous du corps* d'un noir luisant; marqué sur la poitrine de points assez gros et médiocrement rapprochés, presque impointillé et peu distinctement pubescent sur le ventre. *Pieds* : cuisses noires ou brunes; tarses et souvent tibias bruns ou d'un brun rouge ou rougeâtre : cuisses, même les antérieures, médiocrement renflées dans leur milieu.

Cette espèce est principalement septentrionale. On la trouve rarement en France. Nous l'avons reçue de Suède de M. Boheman. Elle a été trouvée dans les environs de Pontarlier, par feu Billot.

6e *Division*. Tête tronquée ou faiblement arquée en arrière à sa partie postérieure. Prothorax plus long que large et muni d'un goulot plus ou moins apparent; creusé de chaque côté d'une fossette visible en dessus.

α Tête plus étroite au devant des angles postérieurs que près des yeux. Elytres parées d'une ou de deux bandes colorées.
  β Elytres parées de deux bandes d'un rouge ou roux testacé : l'antérieure plus marquée. Prothorax d'un roux testacé. — 27. *Sanguinicollis*.
  ββ Elytres parées après la moitié de leur longueur d'une bande d'un rouge ou flave testacé. Prothorax noir en devant.
    c Cuisses testacées. — 28. *Fasciatus*.
    cc Cuisses noires. — 29. *Venustus*.
αα Tête aussi large au devant des angles postérieurs que près des yeux. Elytres d'un noir plombé, sans taches. — 30. *Plumbeus*.

27. **Anthicus sanguinicollis**; LAFERTÉ.

Suballongé; très-médiocrement convexe; garni d'une pubescence fine, cendrée ou d'un livide grisâtre; très-finement ponctué. Tête noire, brune ou en partie rougeâtre, tronquée en arrière, arrondie aux angles postérieurs, et moins large au devant de ceux-ci que près des yeux. Prothorax à goulot court, offrant vers le tiers sa plus grande largeur, rétréci ensuite en ligne presque droite, ou un peu en courbe rentrante, d'un rouge de groseille; à peine aussi long que large. Elytres brunes ou d'un brun noir, parées chacune de deux bandes d'un livide flavescent : la 1re ordinairement non liée au bord externe, naissant après l'épaule et dirigée un peu obliquement en arrière vers la suture qu'elle atteint ordinairement : la seconde en forme de triangle, non étendue jusqu'à la suture, couvrant souvent des trois cinquièmes aux cinq sixièmes du bord externe. Moitié basilaire des antennes, tibias et tarses d'un rouge testacé : extrémité des antennes et cuisses ordinairement brunes.

Anthicus terminatus (DEJEAN), SCHMIDT, Stett. Entom. Zeit. t. III. p. 128. 4. — KUSTER, Kæf. Eur. 13. 70.
Anthicus sanguinicollis. LAFERTÉ, Monogr. des Anth. p. 239. 148.

Long. 0m,0022 à 0m,0028 (1 l. à 1 l. 1/4). — Larg. 0m,0007 à 0m,0009 (1/3 l. à 2/5 l.).

Corps suballongé. *Tête* subarrondie, à peine plus longue que large, obtusément tronquée postérieurement; arrondie aux angles postérieurs et moins large au devant de ceux-ci que près des yeux, rétrécie et obtusément arrondie en devant; sans sillon occipital; peu convexe; finement pointillée; ordinairement noirâtre, parfois d'un brun fauve ou en partie rougeâtre; garnie d'une fine pubescence. *Antennes* sensiblement épaissies vers l'extrémité; à peine aussi longuement ou à peine plus longuement prolongées que la base du prothorax; d'un roux ou flave orangé sur les six premiers articles, noires ou noirâtres sur les derniers : les premiers presque glabres, les autres peu pubescents : les 2e à 6e peu renflés vers l'extrémité : les 7e à 10e, plus sensiblement obtriangulaires : le 10e en ligne courbe sur les côtés et à peine plus long que large : le dernier ovoïdo-conique. *Yeux* noirs; médiocrement saillants, séparés des angles postérieurs par un espace égal environ aux deux tiers de leur diamètre longitudinal. *Prothorax* muni en devant d'un goulot court; dilaté et subarrondi vers la partie antérieure de ses côtés; offrant vers le tiers ou un peu plus de sa longueur la plus grande largeur, un peu moins large dans ce point de la tête, rétréci ensuite un peu en courbe rentrante jusqu'aux deux tiers, subparallèle ou peu élargi vers la base; rebordé à celle-ci; à peine aussi long que large; peu convexe; finement pointillé; d'un rouge de groseille ou parfois roux pâle ou d'un roux testacé; garni comme la tête d'une fine pubescence grisâtre. *Ecusson* petit, à peu près aussi large que long; noirâtre ou obscur. *Elytres* tronquées ou légèrement échancrées en arc à la base; de deux cinquièmes plus larges en devant que la base du prothorax ; émoussées ou subarrondies aux épaules; faiblement élargies vers le milieu de leur longueur; obtusément arrondies à l'extrémité; une fois environ aussi longues que larges; peu convexes; ordinairement sans trace de fossette humérale; parfois subdéprimées vers le sixième ou cinquième de leur longueur; un peu moins finement pointillées que le prothorax; garnies d'une pubescence fine et peu serrée, d'un livide grisâtre; noires et d'un noir brun ou brunes, parées chacune de deux bandes d'un flave livide ou d'un flave de gomme : l'antérieure ordinairement non liée au bord externe, couvrant près de celui-ci du septième au tiers environ de leur longueur, transversalement étendue jusqu'à la suture en obliquant un peu en arrière; la postérieure en forme de tache triangulaire dont la base couvre des trois cinquièmes aux cinq sixièmes du bord externe qui parfois reste noir ou brun, et dont le sommet à peine plus postérieur que leur angle antéro-externe, se rapproche plus ou moins de la suture qu'il n'atteint pas. *Dessous du corps* presque impointillé, peu pubescent; noir ou noirâtre. *Pieds* d'un roux ou testacé livide : cuisses, moins leur base, noires : cuisses, même les antérieures, légèrement renflées dans leur milieu.

Cette espèce est exclusivement méridionale.

Variations (par défaut).

Var. α. Quand la matière colorante a été incomplètement développée, la tête est d'un roux brunâtre ou même d'un roux testacé comme le prothorax; les élytres sont parfois décolorées, les bandes plus pâles, quelquefois un peu plus grandes.

Obs. Les cuisses sont alors d'un roux livide ou testacé et les médi et postpectus parfois d'un testacé brunâtre.

Anthicus sanguinicollis. LAFERTÉ, l. c. Var. *b*.

Variations (par excès).

Var. β. Bandes des élytres restreintes dans leur dimension ou presque obsolètes.

Obs. Dans cette variété la base des antennes et les pattes sont parfois d'un fauve foncé.

LAFERTÉ, l. c. Var. β.

Var. γ. Bande des élytres réduite dans ses proportions, tache postériure nulle.

Obs. La base des antennes, les tibias et tarses sont souvent nébuleux ou obscurs.

LAFERTÉ, l. c. Var. γ.

Var. δ. Elytres noires, sans taches.

Obs. Dans cette variation par excès de matière colorante, le prothorax, la base des antennes et les tibias et tarses conservent parfois la couleur normale, plus ordinairement prennent une teinte plus foncée ou obscure. Le prothorax se montre même quelquefois noirâtre en devant.

Anthicus ruficollis. SCHMIDT, Stett. ent. Zeit. p. 172. 12.
Anthicus sanguinicollis. LAFERTÉ, l. c. Var. ε et ζ.

28. Anthicus fasciatus; LAFERTÉ.

Suballongé : finement pointillé; garni d'une pubescence grisâtre et soyeuse. Tête noire, tronquée postérieurement, arrondie aux angles postérieurs et un peu moins large au devant de ceux-ci que près des yeux : ceux-ci assez saillants. Prothorax offrant vers le tiers sa plus grande largeur, sinué vers les deux tiers; plus long que large; noir, avec la base et rarement toute la surface d'un flave ou rouge testacé. Elytres de trois quarts au moins plus longues que larges réunies; déprimées vers le cinquième de leur longueur; noires, ornées d'une bande d'un rouge ou flave testacé couvrant des quatre septièmes presque aux trois quarts de leur longueur et souvent d'une tache triangulaire de même couleur, après l'épaule; mais parfois d'un flave testacé pâle, avec l'extrémité et une bande ou tache médiaire, noires. Antennes d'un rouge testacé sur les cinq premiers articles, noires sur les suivants. Pieds d'un rouge ou flave testacé.

♂ Ailé. Elytres tronquées en devant, à angles huméraux presque rectangulairement ouverts; subparallèles; rétrécies en ligne un peu courbe depuis les deux tiers jusqu'à l'angle sutural, terminées en pointe, un peu obtuse près de celui-ci.

♀ Pourvue d'ailes plus ou moins incomplètes. Elytres ovalaires, élargies dans leur milieu, moins saillantes aux épaules, obtusément tronquées un peu en arc dirigé en arrière, prises ensemble, à l'extrémité.

♂ *Anthicus fasciatus*. CHEVROLAT, Iconogr. du Règne anim. de Cuvier, édition Guérin, t. III. 2e partie. p. 131. pl. 34. fig. 9
♂ *Anthicus affinis*. LAFERTÉ, Ann. de la Soc. entom. de Fr. t. II. p. 248. ♂.
♀ *Anthicus Antoniae*. LAFERTÉ, Ann. de la Soc. entom. de Fr. t. II. p. 249. pl. 10. fig. 2.
♀ *Anthicus monogrammus*. SCHMIDT, Stett. entom. Zeit. t. III. p. 175.
♂ ♀ *Anthicus fasciatus*. LAFERTÉ. Monogr. des Anth. p. 246. 155.

Long. $0^m,0018$ à $0^m,0024$ (4/5 l. à 1 l. 1/8). — Larg. $0^m,0006$ à $0^m,0007$ (1/4 à 1/3 l.).

Corps suballongé. *Tête* à peine aussi longue ou moins longue que large; tronquée postérieurement; avec ou sans traces de sillon occipital; émoussée ou subarrondie aux angles postérieurs et un peu moins large à ces angles que près des yeux; médiocrement convexe; très-finement pointillée; noire, mais garnie d'un duvet très-fin, d'un cendré grisâtre qui lui donne une teinte moins obscure. *Antennes* sensiblement épaissies à partir du 5e ou du 6e article; à peine aussi longuement ou à peine plus longuement prolongées que la base du prothorax; hérissées d'une fine pubescence; d'un roux flave sur les cinq ou six premiers articles, noirs sur les autres: les 2e à 4e à peine renflés vers leur extrémité : les 6e à 9e (♂) obtriangulaires, en ligne graduellement plus courbe sur les côtés : le 10e (♂) ou les 8e à 10e (♀) submoniliformes, à peine aussi longs que larges : le dernier ovoïdo-conique. *Yeux* noirs, assez saillants, séparés des angles postérieurs de la tête par un espace un peu moins grand que leur diamètre. *Prothorax* muni en devant d'un goulot large et court; dilaté et arrondi (♂) ou subarrondi (♀) vers la partie antérieure de ses côtés; offrant vers le quart (♀) ou vers le tiers (♂) de sa longueur sa plus grande largeur, un peu plus étroit dans ce point que la tête; rétréci ensuite, en formant vers les deux tiers une sinuosité plus ou moins sensible; finement ou à peine rebordé à la base; d'un cinquième plus long que large; médiocrement convexe sur le dos; finement pointillé; noirâtre en devant, d'un roux livide ou d'un testacé livide à la base; garni d'une fine pubescence cendrée. *Ecusson* noirâtre, en triangle aussi large que long, obtus à l'extrémité. *Elytres* échancrées en arc, en devant; celles du ♂ à épaules assez saillantes et subarrondies ou émoussées, en ligne droite sur la moitié antérieure de leurs côtés; faiblement élargies dans leur milieu; rétrécies ensuite en ligne un peu courbe jusqu'à l'angle sutural, en ogive à l'extrémité ; peu convexes sur le dos : celles de la ♀ ovales-oblongues, à angles huméraux peu ou pas saillants, en ovale allongé en ligne un peu courbe sur la moitié antérieure de leurs côtés ; assez fortement élargies dans leur milieu ; obliquement tronquées à l'extrémité; médiocrement convexes sur le dos ; une fois environ (♂) ou de deux tiers (♀) plus longues que larges; offrant souvent les faibles traces d'une fossette humérale, et, surtout chez le ♂, celles d'une dépression transverse; d'un noir fuligineux ou peu foncé, parées chacune d'une tache et d'une bande d'un flave pâle : la tache à limites indécises, souvent presque triangulaire couvrant depuis l'épaule jusqu'aux deux septièmes de leur longueur et ordinairement étendue jusqu'à la moitié de leur largeur : la bande, transversalement étendue depuis le bord externe jusqu'à la suture, depuis les trois septièmes jusqu'aux cinq septièmes de leur longueur ; finement pointillées; garnies d'une pubescence cendrée ou grisâtre, luisante. *Ailes* développées chez le ♂, ordinairement rudimentaires ou impropres au vol, chez la ♀. *Dessous du corps* noir, à peine pointillé : finement pubescent. *Pieds* d'un jaune de gomme : cuisses à peine renflées.

Variations (par excès).

Var. α. Quand la matière colorante n'a pas eu le temps de se développer les élytres sont d'un flave testacé ou rosat plus ou moins pâle, avec l'extrémité et une bande transversale noirâtres : celle-ci grêle, commune aux deux étuis, un peu arquée en arrière, située un peu avant la moitié de leur longueur, et parfois réduite à une tache latérale.

Obs. Le dessous du corps est souvent alors testacé, ou avec l'extrémité de l'abdomen obscure. La tête conserve, ordinairement de couleur noire ou noirâtre. Le prothorax est le plus souvent entièrement testacé.

Anthicus fasciatus. LAFERTÉ, l. c. Var. *c*.

Var. β. Tache humérale des élytres plus étendue, arrivant parfois à la suture et constituant alors une bande transversale envahissant parfois presque toute la base.

Obs. La partie noirâtre du prothorax est plus ou moins restreinte.

réduite souvent à une petite tache antérieure. La poitrine et parfois la base de l'abdomen sont rougeâtres ou d'un rouge testacé.

Anthicus bicinctus (DEJEAN), Catal. (1837), p. 238 (♀).
Anthicus fasciatus. LAFERTÉ, l. c. Var. *b*.

Var. γ. Semblable à l'état normal, mais avec le prothorax entièrement d'un rouge testacé plus ou moins pâle.

Anthicus fasciatus. LAFERTÉ, l. c. Var. α.

Variations (par excès).

Var. δ. Tache antérieure des élytres indistincte.

Obs. Le prothorax est ordinairement noir ou noirâtre sur une plus ou moins grande étendue de sa partie antérieure, rarement il est entièrement d'un rouge testacé : dans ce dernier cas, la partie noire des élytres est plus foncée, comme si la matière colorante noire du prothorax avait été absorbée par les étuis.

Anthicus unifasciatus (DEJEAN). Catal. 1836. p. 238.
Anthicus fasciatus. LAFERTÉ, l. c. Var. β et ββ.

Var. ζ. Élytres entièrement noires ou d'un brun noir.

Obs. La couleur du prothorax varie : tantôt le noir couvre la plus grande partie de sa surface, tantôt il est presque entièrement d'un rouge testacé.

Anthicus fasciatus. LAFERTÉ, l. c Var. γ. et γγ.

29. **Anthicus venustus**; VILLA.

Suballongé; finement pointillé; garni d'une pubescence cendrée très-courte sur la tête et sur le prothorax, longue et voilant la ponctuation, sur les élytres. Tête noire; tronquée en arrière, arrondie aux angles postérieurs et presque aussi large au devant de ceux-ci que près des yeux:

Prothorax muni d'un goulot très-court; arrondi sur les côtés jusqu'aux trois cinquièmes, sinueux dans ce point et creusé d'une fossette latérale visible en dessus; faiblement rebordé à la base; plus long que large; ordinairement d'un rouge ferrugineux au moins à la base et noir sur le reste; parfois tout rouge ou tout noir. Elytres subparallèles, une fois plus longues que larges réunies, noires, parées après les trois cinquièmes d'une bande transversale d'un rouge flave ou ferrugineux, moins développée latéralement, parfois obsolète. Base des antennes, tibias et tarses d'un rouge fauve ou flavescent : seconde moitié des antennes et cuisses, noires.

Anthicus venustus. VILLA, Coléopt. Europ. (1833). p. 33. — LAFERTÉ, Monogr. des Anth. p. 248. 156.

Anthicus unifasciatus. SCHMIDT, Stett. entom. Zeit. t. III. p. 173. 13. — KUSTER, Kaef. Europ. XIII. 71.

Long. $0^m,0022$ à $0^m,0025$ (1 l. à 1 1/8). — Larg. $0^m,0007$ à $0^m,0008$ (1/3 l. à 2/5).

Corps suballongé. *Tête* en carré transverse sur ses deux tiers postérieurs, rétrécie en devant; aussi large que longue; tronquée postérieurement et sans sillon occipital; arrondie aux angles postérieurs, et presque aussi large au devant de ceux-ci que près des yeux; médiocrement convexe; finement pointillée; noire; brièvement pubescente. *Antennes* un peu plus longuement prolongées que la base du prothorax; grossissant un peu vers l'extrémité; à 1er article obscur : les 2e à 6e d'un rouge ferrugineux ou d'un rouge fauve : les derniers, noirs : les 2e à 4e obconiques, plus longs que larges : le 3e plus long que le 2e : les 6e à 10e graduellement plus épais et plus courts : le 11e conique, une fois au moins plus long que le 10e. *Yeux* noirs; ovales; un peu saillants, séparés du bord postérieur de la tête par un espace presque aussi grand que leur diamètre longitudinal. *Prothorax* muni en devant d'un goulot très-court; arrondi sur la partie antérieure de ses côtés, jusqu'aux trois cinquièmes de sa longueur; sinueux dans ce point et subparallèle ensuite ou à peine élargi jusqu'à la base; offrant vers le tiers sa plus grande largeur, un peu moins large dans ce point que la tête; muni à la base d'un léger rebord; plus long que large; médiocrement ou assez convexe; creusé latéralement, vers chacune de ses sinuosités, d'une fossette visible en dessus; finement pointillé; brièvement pubescent; parfois entièrement d'un rouge pâle; ordinairement noir sur le disque et d'un rouge ferrugineux au moins à la base; plus rarement entièrement noir. *Écusson* petit, noir, à peine aussi large que long. *Élytres* un peu échancrées en arc à la base; arrondies aux épaules; subparallèles ou à peine élargies en ligne droite jusqu'aux deux cinquièmes de leur longueur; obtusément arrondies, prises ensemble, à l'extrémité; une fois plus longues que large, réunies; peu convexes ou planiuscules en dessus; sans fossette humérale; creusées d'une dépression transverse, vers le cinquième de leur longueur; noires, parées chacune d'une bande transversale, d'un rouge jaunâtre ou ferrugineux, couvrant des trois cinquièmes ou un peu plus aux cinq septièmes environ de leur longueur : cette bande plus développée dans le sens de leur longueur près de la suture que près du bord externe, et souvent obscure, obsolète et peu distincte; finement pointillées; garnies d'une pubescence cendrée assez longue, qui rend peu distincte la ponctuation. *Dessous du corps* noir. *Pieds* d'un rouge jaunâtre ou ferrugineux, avec les cuisses noires, et parfois l'extrémité des taches noirâtres.

Cette espèce a été trouvée près de Milan, et décrite pour la première fois par MM. Villa. Elle a été prise par Solier dans les environs de Marseille.

Les exemplaires que nous avons eu sous les yeux nous ont été communiqués par M. le baron Henri de Bonvouloir.

Variations (par défaut).

Var. α. Quand la matière noire ne s'est pas assez abondamment développée le prothorax est entièrement d'un rouge pâle et flavescent. La bande des élytres est d'un rouge flavescent, ordinairement plus développée; et quelquefois on aperçoit derrière l'épaule les traces d'une petite tache pâle.

LAFERTÉ, l. c. Var. *b*.

Obs. Quand le pygmentum n'a pas eu le temps de se développer, les élytres sont parfois brunes et les pieds entièrement d'un rouge testacé.

SCHMIDT, l. c. Var. γ.

Dans l'état qui paraît le plus ordinaire le prothorax est au moins d'un rouge flave ou ferrugineux à la base; la bande des élytres est d'un rouge moins pâle.

Variations (par excès).

Var. β. Quand au contraire la matière noire a abondé, le prothorax est entièrement noir; les antennes sont obscures sur leur partie rouge; la tache des élytres est plus ou moins obsolète ou réduite à une tache suturale.

30. **Anthicus plumbeus**; LAFERTÉ.

Suballongé. D'un noir métallique, mais garni d'une pubescence cendrée ou grisâtre qui lui donne une teinte ardoisée; moins finement ponctué sur les élytres que sur les parties antérieures. Tête en carré transverse sur ses deux tiers postérieurs. Prothorax muni d'un goulot court; aussi large que la moitié de la tête, offrant vers le tiers sa plus grande largeur, rétréci ensuite jusqu'à la base; creusé d'une fossette latérale assez prononcée. Antennes d'un noir ardoisé. Pieds d'un flave roussâtre : cuisses à peine renflées.

♂ Tantôt ailé, tantôt subaptère : dans le premier cas, avec les élytres subparallèles, planiuscules et plus tronquées en devant : dans le second cas, avec les élytres plus ovalaires, plus convexes, plus arrondies aux épaules, et se rapprochant de la forme qu'elles ont chez la ♀ :

♀ Aptère. Elytres ovales-oblongues, convexes, arrondies et peu saillantes aux épaules.

♂ ♀ *Anthicus plumbeus* (DEJEAN). LAFERTÉ, Ann. de la Soc. Entom. de Fr. t. XI. p. 250. — Id. Monogr. des Anth. p. 257. 167.

♂ Ailé. *Anthicus callosus*. SCHMIDT, Stett. entom. Zeit. t. III. p. 181. 21.
♂ Subaptère. *Anthicus melanarius*. SCHMIDT, l. c. p. 178. 18.
♀ *Anthicus brevis*. SCHMIDT, l. c. p. 180. 20.

Long. 0m,0033 (1 l. 1/2). — Larg. 0m,0013 (3/5 l.).

Corps suballongé. *Tête* en carré transverse sur ses deux tiers postérieurs, rétrécie et arrondie en devant; au moins aussi large, prise aux yeux, que longue; tronquée postérieurement, subarrondie aux angles postérieurs et à peine aussi large au devant de ces angles que près des yeux; ordinairement sans traces de sillon occipital; peu convexe; finement ponctuée; d'un noir luisant et un peu métallique; garnie d'une pubescence cendrée ou grisâtre qui lui donne une teinte ardoisée. *Antennes* sensiblement plus épaisses vers l'extrémité; presque aussi longues que la moitié du corps (♂), un peu moins longues (♀); noires, hérissées de poils fins et cendrés qui lui donnent une teinte ardoisée : les 6e à 10e articles plus sensiblement élargis de la base à l'extrémité, en ligne presque droite, plus longs que larges (♂) : les 9e et 10e élargis en ligne courbe et à peine aussi longs que larges (♀) : le dernier ovoïdo-conique. *Yeux* noirs, assez saillants; séparés des angles postérieurs de la tête par un espace égal environ à la moitié de leur diamètre longitudinal. *Prothorax* muni en devant d'un goulot court, aussi large que la moitié postérieure de la tête; dilaté et subarrondi sur les côtés; offrant vers le tiers de sa longueur sa plus grande largeur, à peu près aussi large dans ce point que la tête; rétréci ensuite jusqu'à la base, ou en formant une légère sinuosité vers les deux tiers de sa longueur; rebordé à la base d'un sixième ou d'un cinquième plus long que large; médiocrement convexe; creusé sur les côtés, entre la dilatation latérale et la base, d'une fossette assez prononcée; ponctué, coloré et pubescent comme la tête. *Ecusson* en triangle aussi large que long; d'un noir ardoisé. *Elytres* émoussées ou subarrondies à la base; un peu élargies vers leur moitié (♂), et plus sensiblement chez la ♀ ; obliquement coupées à l'extrémité; près d'une fois plus longues que larges (♂), un peu moins chez la ♀ ; médiocrement convexes; offrant ordinairement les traces plus ou moins faibles d'une dépression transverse, et souvent les traces d'une fossette humérale; marquées de points sensiblement moins petits et moins rapprochés que ceux du prothorax ; colorées et pubescentes comme ce dernier. *Dessous du corps* d'un noir métallique; brièvement pubescent; à peine pointillé, même sur la poitrine. *Pieds* d'un flave roussâtre : cuisses, même les antérieures, à peine renflées dans leur milieu.

Cette espèce n'est pas rare dans les environs de Lyon et dans nos provinces plus méridionales. On la trouve sur les bords sablonneux des rivières et sur les plantes qui garnissent ces rives.

7e *Division.* Tête tronquée ou faiblement arquée à sa partie postérieure. Prothorax à peine aussi long que large; à goulot nul ou peu apparent; creusé de chaque côté, d'une fossette visible en dessus.

α Tête moins large au devant des angles postérieurs que près des yeux. Elytres noires ou brunes parées chacune de deux bandes jaunes. — 31. *Nectarinus.*

αα Tête aussi longue au devant des angles postérieurs que près des yeux. Elytres noires.

β Elytres parées chacune de deux bandes d'une pubescence argentée. — 32. *Fairmairei.*

ββ Elytres noires sans taches — 33. *Unicolor.*

31. **Anthicus nectarinus**; Panzer.

Allongé ou suballongé, peu convexe; garni d'une fine pubescence cendrée; finement pointillée. Tête ordinairement noire, faiblement arquée en arrière à sa partie postérieure, arrondie aux angles postérieurs et moins large au devant de ceux-ci que près des yeux. Prothorax à goulot peu distinct, rétréci en ligne droite depuis le tiers jusqu'à la base; d'un roux testacé; à peine plus long que large. Elytres noires, parées chacune de deux bandes jaunes : l'antérieure, naissant du bord externe, au-dessous de l'épaule et dirigée un peu obliquement en arrière vers la suture qu'elle n'atteint pas ordinairement : la postérieure située après les deux tiers et n'arrivant pas à la suture. Moitié basilaire des antennes, tibias et tarses d'un roux testacé : extrémité des antennes et cuisses, ordinairement noires.

Notoxus nectarinus. PANZ. Entom. Germ. p. 87. — Id. faun. germ. XXIII. fig. 7. — Id. Krit. Revis. t. I. p. 61. — OLIV., Encycl., Méth. t. VIII. p. 395. 15.
Anthicus nectarinus, SCHOEN., Syn. Ins. t. II. p. 56. — SCHMIDT, Stett. Entom. Zeit. t. III. p 126. 3. — LAFERTÉ, Monogr. des Anth. p. 237. 147. — KUSTER, Kæf. Europ. XVIII. 62. — L. REDTENB. faun. austr. 2e édit. p. 639. — BACH. Kæferf. t. III. p. 286. 11.
Anthicus bicinctus. HUMMEL, Essai. entom. part. 4. (1826). p. 49.
Anthicus sibiricus (DEJEAN), p. 126. 3. — Catal. (1837.) p. 238.

Long. 0m,0036 à 0m,0042 (1 l. 2/3 à 1 l. 7/8). — Larg. 0m,0012 à 0m,0016 (3/5 l. à 2/3 l).

Corps allongé ou suballongé. *Tête* ovalaire; faiblement arquée en arrière; arrondie aux angles postérieurs et moins large près de ceux-ci qu'au devant des yeux ; un peu plus longue que large; peu convexe; finement pointillée; finement pubescente; noire, peu luisante, avec les parties de la bouche ordinairement d'un roux orangé. *Antennes* prolongées environ jusqu'à la moitié de la longueur du corps; médiocrement épaissies vers l'extrémité; à 2e article plus long que large, plus court que le 3e : les 3e à 6e assez grêles, un peu noueux à l'extrémité : les 7e à 10e graduellement plus épais et plus courts : le 11e ovoïdo-conique, comme appendicé : les six ou sept premiers d'un roux orangé : les autres obscurs ou noirs. *Yeux* assez saillants, élargis d'arrière en avant; tronqués à leur bord antérieur, séparés du bord postérieur de la tête par un espace moins grand que leur diamètre longitudinal. *Prothorax* muni en devant d'un goulot très-court ou presque nul; dilaté et subarrondi vers la partie antérieure de ses côtés, offrant vers les deux septièmes de sa longueur sa plus grande largeur; aussi large dans ce point que la tête aux angles postérieurs; rétréci ensuite jusqu'à la base; un peu arqué en arrière et à peine rebordé à celle-ci; à peine plus long que large; médiocrement convexe; finement pointillé; d'un roux orangé; garni d'une pubescence cendrée; creusé sur les côtés d'un sillon obliquement longitudinal, formant à son extrémité une fossette assez faiblement visible quand l'insecte est examiné en dessus. *Ecusson* petit; au milieu aussi large que long et unis. *Elytres* tronquées en devant; à angles huméraux saillants, émoussés et presque rectangulairement ouverts; une fois plus larges en devant que le prothorax à sa base; subgraduellement un peu élargies jusqu'aux deux tiers de leur longeur, subarrondies postérieurement; de trois quarts plus longues que larges, prises ensemble; peu convexes ou planiuscules en dessus; sans fossette humérale; à peine déprimées vers le cinquième de leur longueur; finement pointillées; garnies d'une pubescence cendrée; noires; parées chacune de deux bandes d'un beau jaune: l'antérieure, couvrant le bord externe du huitième aux deux septièmes de leur longueur, étendue jusqu'au tiers interne de la largeur en obliquant un peu en arrière, irrégulièrement en forme de bande ou presque de triangle : la postérieure, couvrant le bord externe depuis les deux tiers environ de leur longueur, souvent presque jusqu'à l'extrémité, en forme de bande transverse prolongée presque jusqu'à la suture, d'un développement et de forme variables, suivant les individus, souvent bissinuée à son bord antérieur, et à son côté interne postérieur. *Dessous du corps* noir. *Cuisses* noires ou brunes : tibias et tarses d'un roux orangé ou testacé.

Cette espèce semble jusqu'à ce jour étrangère aux régions méridionales. Suivant Olivier, on la trouverait dans les montagnes de l'Auvergne; mais elle se trouve plus particulièrement en Allemagne, en Russie et en Sibérie.

L'exemplaire que nous avons eu sous les yeux nous a été obligeamment communiqué par M. le baron H. de Bonvouloir.

Variations (par défaut).

Quand la matière colorante obscure n'a pas eu le temps de se développer.

Var. α. La tête, les antennes et les cuisses passent au roux orangé ou testacé, comme le prothorax.

Anthicus nectarinus, SCHMIDT, l. c. var. β. — LAFERTÉ. Var. *b*.

Le plus souvent alors, avec cette modification dans la couleur des parties ci-dessus indiquées, le dessin des élytres se modifie d'une manière plus ou moins profonde.

Var. *β*. Tache antérieure jaune de chaque élytre réunie à sa pareille sur la suture, et constituant sur celle-ci un angle dirigé en arrière.

Schmidt, l. c. Var. *δ*. — Laferté, l. c. Var. *c*.

Var. *γ*. Bande postérieure jaune de chaque élytre, réunie à sa pareille vers l'angle apical, en enclosant en devant une tache noire suturale commune, liée antérieurement à l'espace qui sépare la bande antérieure de la bande postérieure.

Schmidt, l. c. Var. *c*. — Laferté, l. c. Var. *d*.

Enfin quelquefois, suivant Schmidt, les élytres sont jaunes avec une tache basilaire carrée et l'extrémité, noires.

Variations (par excès).

Var. *δ*. Quand au contraire la matière noire a surabondé, le prothorax se montre obscur ou même noir, et la tache et la bande jaune des élytres sont plus restreintes : la tache antérieure est moins triangulaire et a la forme d'une bande raccourcie au côté interne, et la bande postérieure est d'un diamètre longitudinal presque uniforme sur sa largeur.

Schmidt, l. c. Var. *γ* et *δ*. — Laferté, l. c. Var. *β*.

33. **Anthicus unicolor**; Schmidt.

Suballongé; peu convexe; pointillé ou très-finement ponctué; noir ou d'un noir brun, luisant; garni d'une fine pubescence cendrée. Tête tronquée en arrière, arrondie à ses angles postérieurs, et à peu près aussi large au devant de ceux-ci que près des yeux. Prothorax à goulot nul ou indistinct; arrondi vers la partie antérieure de ses côtés, bissinué vers les deux tiers et creusé latéralement d'une fossette visible en dessus; un peu plus large que longue. Elytres oblongues, près d'une fois plus longues que larges, réunies; sans fossette humérale et sans dépression transverse. Dessous du corps, antennes et pieds noirs : tibias et tarses souvent un peu moins obscurs.

♂ Antennes plus longuement prolongées que la base du prothorax. Elytres marquées à leur extrémité d'une callosité lisse, glabre et brillante.

♀ Antennes à peine plus longuement ou aussi longuement prolongées que les angles postérieurs du prothorax. Elytres pubescentes et sans callosité à leur extrémité.

Anthicus unicolor. SCHMIDT, Stett. Entom. Zeit. t. III. p. 179. 19. — LAFERTÉ, Monogr. des Anth. p. 263. 172. — L. REDTENB., Faun. aust. 2e édit. p. 638. — BACH, Kæferf. t. III. p. 284. 2.

Long. 0m,0022 à 0m,0025 (1 l. à 1 l. 1/8). — Larg. 0m,0007 (1/3).

Corps suballongé. *Tête* en carré transverse sur les deux tiers postérieurs, rétrécie en devant, aussi large que longue; tronquée postérieurement et sans sillon occipital; arrondie aux angles postérieurs et à peu près aussi large au devant de ceux-ci que près des yeux; peu convexe; finement ponctuée, noire ou d'un noir brun, luisante, mais paraissant d'un noir un peu grisâtre par l'effet de la pubescence fine et cendrée dont elle est garnie. *Antennes* à peine plus longuement ♀ ou un peu plus longuement ♂ prolongées que le prothorax; graduellement un peu épaissies vers l'extrémité à partir du 5e article : noires; hérissées de poils obscurs : à 2e article plus gros et plus court que le 3e : les 3e à 5e obconiques; plus longs que larges : les 6e à 10e élargis en ligne courbe, graduellement plus épais et plus courts, surtout chez la ♀ : le 11e rétréci de la base à l'extrémité, appendicé, une fois plus long que large. *Yeux* suborbiculaires, noirs ou d'un noir plombé, séparés du bord postérieur de la tête par un espace presque égal à leur diamètre. *Prothorax* peu distinctement muni d'un goulot en devant (ce goulot nul sur le dos, très-court sur les côtés); dilaté et arrondi vers la partie antérieure de ses côtés, offrant vers le tiers (♂) ou les deux cinquièmes (♀) de sa longueur sa plus grande largeur, sinué vers les deux tiers ou un peu moins, faiblement élargi ensuite jusqu'à la base; muni d'un faible rebord à celle-ci; un peu plus large que long; médiocrement convexe; finement ponctué ou pointillé; noir ou d'un noir brun, garni d'une pubescence fine et cendrée; creusé sur les côtés d'une fossette visible en partie quand l'insecte est examiné en dessus. *Ecusson* plus large que long; noir et pubescent. *Elytres* un peu échancrées à la base; arrondies aux épaules; débordant à celle-ci des deux cinquièmes de la largeur de chacune la base du prothorax; oblongues, subparallèles ou plutôt faiblement élargies en ligne droite jusqu'à la moitié ou aux trois cinquièmes, arrondies à leur partie postéro-externe, obliquement tronquées postérieurement, jusqu'à l'angle sutural; peu convexes; sans fossette humérale et sans dépression transversale vers les cinquièmes de leur longueur; finement pointillées; noires ou d'un noir brun; finement pubescentes, offrant à l'extrémité, chez le ♂, une faible callosité lisse et brillante, qui ne se voit pas chez la ♀. *Dessous du corps* d'un brun noir luisant. *Cuisses* noires : tibias et tarses d'un noir moins obscur ou un peu livide.

Cette espèce paraît jusqu'à ce jour très-rare. Elle a été prise dans le temps par Solier, dans les environs de Marseille. Les exemplaires que nous avons eu sous les yeux nous ont été obligeamment communiqués par M. de Bonvouloir.

A cette division appartient sans doute l'espèce suivante que nous n'avons pas vue :

34. **Anthicus Fairmairei**; Brisout.

D'un noir légèrement olivâtre, brillant ; garni d'une pubescence grisâtre; extrémité des tibias et tarses d'un testacé obscur. Tête large. Prothorax court. Elytres oblongues, parées de deux bandes de poils argentés; finement et assez densement ponctués.

Anthicus Fairmairei. Brisout, in. Grenier, Catal. p. 90. 109.

Long. 0^m,0061 à 0^m,0067 (2 l. 3/4 à 3 l.).

Corps oblong ou suballongé. *Tête* large, transversale; très-arrondie aux angles postérieurs; couverte d'une ponctuation assez fine et peu serrée; revêtue de poils gris, assez longs et peu serrés. *Bouche* et *palpes* couleur de poix. *Antennes* fortes; à peu près aussi longues que la tête et le prothorax; noires, aux deux premiers articles ovalaires; le premier un peu plus épais et un peu plus long que le 2e : le 3e égal au 2e ou à peine plus long : les 4e et 5e oblongs, environ de moitié plus longs que larges, subégaux au 2e : les 6e à 10e obconiques, peu à peu plus courts et plus larges : le 10e à peu près aussi long que large : le 11e en ovale oblong, rétréci vers l'extrémité, égal en longueur aux deux précédents réunis. *Prothorax* arrondi dans les deux tiers antérieurs de ses bords latéraux, distinctement rétréci dans son bord postérieur; plus étroit dans son diamètre transversal le plus grand que la tête prise aux yeux; à peu près aussi large dans sa partie dilatée que long sur sa ligne médiane; assez convexe sur le disque; couvert d'une ponctuation fine et serrée; marquée de fossettes latérales peu apparentes; revêtu d'une pubescence grise, assez fine et assez serrée. *Elytres* un peu échancrées en devant; à épaules légèrement saillantes; débordant la base du prothorax de près d'une fois la largeur de chacune; faiblement élargies vers la moitié de leurs côtés; arrondies à l'extrémité, prises ensemble; une fois environ plus longues que larges, réunies; peu convexes sur leur disque; à fossettes humérales petites, mais distinctes; couvertes d'une ponctuation fine et assez serrée; revêtues d'une pubescence d'un gris olivâtre, assez courte et médiocrement serréee, et de deux bandes transversales de pubescence moins couchée, d'un gris argenté brillant : la première bande, située au tiers de leur longueur, un peu sinueuse, s'élargissant vers les bords latéraux, et remontant le long de la suture, vers l'écusson : la seconde, située après la moitié de leur longueur, dilatée sur la suture et vers le bord latéral, sur lequel elle se réunit souvent à la première. *Dessous du corps* à ponctuation fine, plus écartée sur la poitrine, plus serrée sur les autres parties. *Pieds* d'un noir brunâtre, avec la base et le sommet des tibias, et les tarses, d'un brun ferrugineux : tibias quelquefois presque entièrement de cette dernière couleur.

Cette espèce paraît être exclusivement méridionale. Elle a été prise près de Collioures par feu Delarouzée.

Obs. Suivant M. Brisout, dont nous avons reproduit la bonne description, elle se rapproche de l'*A. validicornis*, LAFERTÉ (Monogr. des

Anth. p. 264. 173). Elle s'en distingue par sa taille plus grande, ses antennes plus fortes; sa tête bien plus large; son prothorax à fossettes moins distinctes; ses élytres plus parallèles, à bandes transversales de pubescence argentée.

Genre *Ochthenomus*, Ochthenome; Schmidt (1).

Caractères. *Dessus du corps* garni en dessus de poils squammiformes, ou même de petites écailles couchées, plus serrées ou plus distinctes sur la tête et sur le prothorax que sur les élytres. *Tête* aussi longue que le prothorax, presque en parallélogramme allongé; tronquée postérieurement; munie d'un col court; déprimée sur sa partie médiane antérieure et relevée sur les côtés de sa partie postépistomale. *Antennes* insérées sous ce rebord un peu relevé; ordinairement prolongées un peu au delà de la base du prothorax; à 1er article renflé, au côté interne, souvent un peu arqué : les 2e à 6e subfiliformes : les quatre ou cinq derniers plus épais. *Yeux* ovalaires ou presque triangulairement élargis d'arrière en avant (2); séparés du bord postérieur de la tête par un espace double, ou à peu près de leur diamètre longitudinal. *Prothorax* muni en devant d'un goulot court; offrant vers les deux cinquièmes de sa longueur sa plus grande largeur, rétréci ensuite; habituellement sans rebord à la base; plus long que large. *Elytres* débordant la base du prothorax de la moitié environ de la largeur de chacune.

Les Ochthenomes se distinguent sans peine des autres Anthiciens par leur corps couvert de petites écailles ou de poils squammiformes; par leur tête plus longue, presque en parallépipède allongé, convexe sur sa partie antérieure, avec les côtés de sa partie postépistomale relevés; par deux antennes, insérées sur ces côtés et un peu voilés à à leur base par ce rebord; par leurs yeux séparés du bord postérieur

(1) Dejean, Catal. (1833). p. 217. — Id. (1837). p. 239.
(2) Ils ne sont pas réniformes comme l'ont dit quelques auteurs.

de la tête par un espace ordinairement à peu près double de leur diamètre longitudinal; par leur prothorax offrant au moins vers les deux cinquièmes de sa longueur sa plus grande largeur, plus étroit dans ce point que la tête.

Ces insectes se plaisent généralement parmi les débris rejetés sur les bords par les eaux; parmi les feuilles et autres matières végétales accumulées aux pieds des plantes, et, dans la mauvaise saison, dans les troncs ou sous les écorces de certains arbres.

Les espèces de ce genre peuvent être réparties comme suit :

α Tête sensiblement élargie depuis les angles postérieurs jusqu'aux yeux. Elytres parées d'une bande transversale noirâtre, commençant aux deux cinquièmes ou trois septièmes de leur longueur. Prothorax rétréci en ligne à peu près droite sur ses trois cinquièmes postérieurs. — *Punctatus*.

αα Tête presque parallèle sur ses côtés.

β Elytres parées d'une bande noirâtre commençant à la moitié ou un peu plus de leur longueur. Tête marquée d'un sillon occipital. Prothorax sinué sur les côtés. — *Unifasciatus*.

ββ Elytres sans bande transversale, noires. Tête sans sillon occipital. Prothorax non sinué sur les côtés. — *Tenuicollis*.

1. **Ochthenomus punctatus**; LAFERTÉ.

Suballongé; peu convexe; garni en dessus de petites écailles grisâtres. Tête ordinairement brune; plus longue que large, graduellement un peu plus large vers la moitié de sa longueur; faiblement marquée d'une fossette occipitale. Prothorax habituellement brun, offrant vers les deux cinquièmes la plus grande largeur, rétréci ensuite en ligne à peu près droite jusqu'à sa base; de moitié plus long que large à celle-ci. Elytres fauves ou d'un fauve testacé, parées d'une bande transversale noire, couvrant des deux cinquièmes aux trois septièmes de leur longueur, un peu moins avancée sur la suture, plus ou moins prolongée en arrière sur celle-ci, en forme d'angle aigu. Antennes et pieds d'un flave testacé : les antennes à 1er article arqué : le 2e un peu plus court que le 3e

Ochthenomus punctatus. LAFERTÉ et LUCAS, Explor. Soc. de l'Algérie. t. II. p. 380. 992. — LAFERTÉ, Monogr. des Anth. p. 283. 1. — REDTENB., Faun. Austr. 2e édit. p. 641. — BACH, Kaeferf. t. III. p. 288. 1.

Long. 0m,0025 à 0m,0028 (1 l. 1/8 à 1 l. 1/4). — Larg. 0m,0008 (2/5).

Corps suballongé ; peu convexe ; couvert de petites écailles grisâtres et rapprochées. *Tête* tronquée postérieurement, offrant souvent les traces plus ou moins distinctes d'un sillon occipital ; arrondie aux angles postérieurs, et un peu moins large au devant de ceux-ci que près des yeux ; graduellement un peu élargie à ces derniers ; plus longue que large ; peu convexe ; ordinairement brune, mais paraissant d'une teinte plus pâle, en raison des écailles grisâtres dont elle est couverte. *Antennes* presque aussi longues que la moitié du corps ; un peu épaissies sur leurs trois ou quatre derniers articles : le 1er légèrement arqué : les 3e à 5e subfiliformes, suballongés : le 2e un peu moins long que le 3e : les 4e et 7e graduellement un peu épaissis vers l'extrémité : les 8e à 10e graduellement plus épais, plus courts et élargis en ligne plus courbe : le 11e supparallèle dans la première moitié, rétréci en angle aigu dans sa seconde, de moitié plus long que large. *Yeux* bruns, assez petits, peu saillants, élargis presque en triangle d'arrière en avant ; séparés du bord postérieur de la tête par un espace presque égal à deux fois leur diamètre. *Prothorax* muni en devant d'un goulot très-court ; élargi en ligne peu courbe ou presque droite jusqu'aux deux cinquièmes ou un peu plus de la longueur ; moins large dans ce point que la tête prise aux yeux et même aux angles postérieurs, assez faiblement rétréci ensuite en ligne presque droite jusqu'à la base ; sans rebord à celle-ci ; de moitié plus long sur la ligne médiane que large à la base ; médiocrement convexe ; ordinairement brun, couvert comme la tête de petites écailles grisâtres. *Ecusson* très-petit. *Elytres* un peu échancrées en devant ; arrondies aux épaules ; débordant à celle-ci la base du prothorax de près de moitié de la largeur de chacune, subparallèles ou à peine élargies vers la moitié de leur longueur, rétrécies postérieurement à partir des trois quarts jusqu'à l'angle sutural ; médiocrement convexes, marquées d'une fossette humérale ; sans dépression transverse sensible, vers le cinquième de leur longueur ; fauves, d'un roux fauve ou d'un roux testacé ; parées chacune d'une bande transversale noirâtre, couvrant des deux aux trois cinquièmes ou un peu plus du bord externe, étendue, en obliquant un peu en arrière, jusqu'à la suture sur laquelle elle se prolonge en arrière, en forme d'angle aigu plus ou moins rapproché de l'angle sutural. *Dessous du corps* tantôt fauve ou d'un fauve testacé, tantôt brun, parfois avec diverses parties fauves ou d'un fauve testacé ; marqué de points donnant chacun naissance à un poil peu squammiforme. *Pieds* entièrement d'un flave testacé.

Cette espèce paraît être principalement méridionale. On la trouve à Lyon et plus au sud sur les bords du Rhône et de diverses rivières. Elle habite aussi l'Espagne, la Corse, la Sardaigne et le nord de l'Afrique.

Variations (par défaut.)

Var. α. Quand la matière colorante a été peu abondante tout le dessus du corps est d'un roux testacé ou d'un testacé flavescent, en offrant des traces plus ou moins apparentes de la bande noirâtre des élytres.

Laferté, l. c. Var. *c*.

Var. β. Tête noirâtre. Prothorax variablement noirâtre ou d'un roux testacé. Elytres d'un roux ferrugineux ou d'un roux testacé, offrant la bande noirâtre des élytres interrompue sur chaque élytre, et divisée en trois taches : une, suturale commune : une, marginale sur chaque étui.

Laferté, l. c. Var. *e*.

Variations (par excès).

Var. γ. Elytres parées d'une bande scutellaire et d'une bande transversale noire : la bande plus élargie que dans l'état normal, et par là, les élytres paraissant noires, avec une tache humérale et une tache apicale externe d'un roux testacé.

LAFERTÉ, l. c. Var. β.

2. **Ochthenomus unifasciatus**; BONNELLI.

Suballongé, peu convexe ; garni de poils squammiformes en dessus. Tête ordinairement brune, en parallélogramme longitudinal, creusée d'une fossette occipitale, souvent avancée en sillon. Prothorax habituellement d'un roux testacé ; élargi en ligne peu courbe jusqu'aux deux cinquièmes, rétréci ensuite en ligne sinuée ; de deux tiers plus long que large à la base. Elytres d'un roux ou flave testacé, parées d'une bande transversale noire ou brune, naissant à la moitié de leur longueur ou un peu après, anguleusement prolongée en arrière sur la suture ; souvent marquées sur leur seconde moitié d'une bordure submarginale brune. Antennes et pieds d'un flave testacé : les antennes à 1er article arqué : le 2e plus court que le 3e.

Anthicus unifasciatus. BONELLI, Mem. d. Soc. d. Agr. di Torino. t. IX. 1812. p. 174. 21. pl. IV. fig. 21.
Ochthenomus elongatus (DEJEAN), Catal. (1837). p. 239.
Anthicus occipitalis. L. DUFOUR, Excurs. entom. p. 71. 429. (d'après les renseignements fournis par M. Perris.)
Ochthenomus sinuatus (KUNZE). SCHMIDT, Stett. Entom. Zeit. t. III. p. 199. 2. — LAFERTÉ, Monogr. d. Anth. p. 284. 2. — TRUQUI, Mém. d. accad. di Torin. 1857. p. 368.

Long. 0m,0020 à 0m,0022 (9/10 l. à 1 l.). — Larg. 0m,0006 à 0m,0007 (1/4 l. à 1/3).

Corps suballongé; peu convexe; garni de poils squammiformes, et couchés, en dessus. *Tête* en parallélogramme allongé, d'un tiers au moins plus longue que large ; prise aux yeux ; tronquée postérieurement ; marquée d'une fossette occipitale quelquefois avancée en forme de sillon ; émoussée ou subarrondie aux angles postérieurs et aussi large au-devant de ceux-ci que près des yeux; peu convexe ; ordinairement brune. *Antennes* prolongées jusqu'au 5e des élytres (♂) ou à peine plus longuement (♀) que la base du prothorax ; un peu épaissies sur leurs quatre ou cinq derniers articles : les 2e à 6e subfiliformes, plus longs que larges : le 2e presque égal (♀) ou un peu moins large que le 3e (♂) : l'un et l'autre ordinairement moins longs que chacun des 5e et 6e : les 7e à 10e graduellement élargis, en ligne plus courbe chez la ♀ : les 9e et 10e plus longs (♂) ou moins longs (♀) que larges : le 11e ovoïdo-conique. *Yeux* petits, noirs, séparés du bord postérieur de la tête par un espace double de leur diamètre longitudinal. *Prothorax* muni en devant d'un goulot très-court; élargi en ligne plus courbe jusqu'aux deux cinquièmes de sa longueur, moins large dans ce point que la tête à ses angles postérieurs ; rétréci ensuite jusqu'à la base en ligne légèrement sinuée ou presque droite ; sans rebord à celle-ci ; de deux tiers plus long sur la ligne médiane que large à la base ; ordinairement fauve ou fauve testacé, parfois brun ; garni de poils squammiformes grisâtres. *Ecusson* très-petit. *Elytres* un peu échancrées en devant ; arrondies aux épaules ; débordant la base du prothorax de la moitié environ de la largeur de chacune ; subparallèles jusqu'aux quatre cinquièmes, ou à peine élargies vers la moitié de leur longueur ; rétrécies postérieurement en ligne courbe jusqu'à l'angle sutural ; très-médiocrement convexes sur le dos ; à peine marquées d'une fossette humérale ; à peine déprimées vers le cinquième de leur longueur ; d'un flave testacé ; garnies de poils squammiformes cendrés ; parées d'une bande transversale noire ou noirâtre couvrant extérieurement de la moitié aux trois cinquièmes de leur longueur et de la moitié aux trois quarts ou quatre cinquièmes et même plus de la suture, en formant sur celle-ci un angle aigu, dirigé en arrière ; souvent marquées près du bord externe d'une bordure brune, prolongée jusqu'à la partie postéro-externe ou presque jusqu'à l'angle sutural. *Dessous du corps* presque glabre, peu et brièvement garni de poils squammiformes ; fauve sur l'antépectus, ordinairement noir sur les médi et postpectus, en partie noir ou brun sur le ventre, avec la partie médiaire de celui-ci et la base des arceaux souvent fauves ou d'un fauve testacé. *Pieds* entièrement d'un fauve testacé.

Cette espèce se trouve principalement sur les bords des rivières ; à Lyon on la prend sur ceux du Rhône et de quelques-unes de nos petites rivières, au milieu des débris que les eaux accumulent sur leurs rives, principalement au pied des arbres. En automne et au premier printemps, elle se rencontre sous les écorces des platanes.

Obs. Elle a de l'analogie avec l'espèce précédente. Elle s'en distingue par une taille plus petite; par son corps un peu plus étroit; garni en dessus de poils squammiformes, plutôt que par de petites écailles: celles-ci plus visibles et plus rapprochées; par sa tête parallèle non sensiblement élargie dans son milieu; moins arrondie à ses angles postérieurs et aussi large au devant de ceux-ci que près des yeux; par ces organes séparés du bord postérieur de la tête par un espace double de leur diamètre longitudinal; par son prothorax sensiblement sinué après la moitié de sa longueur, proportionnellement plus étroit et plus large; ordinairement d'un fauve testacé; par ses élytres d'une teinte plus pâle, parées d'une bande transversale noire ou brune, naissant à la moitié ou un peu plus de sa longueur au lieu de commencer vers les deux cinquièmes ou trois septièmes.

Variations (par défaut):

Var. α. Quand l'insecte se trouve dans l'état de décoloration le plus incomplet, il est entièrement d'un flave testacé moins pâle sur quelques parties.

Var. β. Tête obscure. Prothorax d'un fauve flave ou pâle. Elytres de même teinte, parées sur la suture, vers la moitié de leur longueur ou un peu après, d'une tache noire obtriangulaire, commune.

Laferté, l. c. Var. *c*.

Var. γ. Tête brune. Prothorax d'un roux fauve ou testacé. Bande noire des élytres divisée en trois taches: une suturale, une latérale, sur chaque élytre.

Laferté, l. c. Var. *b*.

Variations (par excès).

Var. δ. Tête et prothorax bruns ou noirâtres. Elytres fauves, parées, outre la bande transversale noire, d'une bordure marginale noire, sur leur seconde moitié.

LAFERTÉ, l. c. Var. β.

Var. ε. Semblable à la précédente, mais avec la bande et la bordure marginales plus développées, et offrant en outre une tache scutellaire noirâtre.

LAFERTÉ, l. c. Var. β.

3. **Ochthenomus tenuicollis**; SCHMIDT.

Dessus du corps garni de petites écailles d'un cendré grisâtre. Tête brune; en parallélogramme longitudinal; sans fossette occipitale. Prothorax fauve ou brun; élargi en ligne un peu courbe jusqu'aux deux cinquièmes, rétréci ensuite en ligne presque droite; de deux tiers plus long que large à la base. Elytres fauves ou d'un fauve testacé sans tache. Antennes d'un roux testacé; à 1er article épaissi et renflé d'un côté; à 2e article un peu moins court que le 3e. Pieds d'un flave orangé.

Ochthenomus angustatus (DEJEAN), Catal. 1837. p. 239. — LAFERTÉ et LUCAS, Explor. sc. de l'Algér. t. II. p. 381. 993. — LAFERTÉ, Monog. d. Anth. p. 236. 3. — TRUQUI, Mém. d. Accad. d. Turin. 1837. p. 368. 2.
Anthicus elongatissimus. CASTELN., Hist. nat. t. II. p. 259. 2.
Ochthenomus tenuicollis. SCHMIDT, Stett. Entom. Zeit. t. III. p. 198. 1. — KUSTER, Kaef. Europ. IX. 56.

Long. 0m,0018 à 0m,0020 (4/5 à 9/10 l.). — Larg. 0m,0006 (1/4 l.).

Corps suballongé; peu convexe; garni en dessus de petites écailles d'un cendré grisâtre, plus apparentes sur la tête et sur le prothorax, que sur les élytres. *Tête* en parallélogramme allongé, rétrécie en devant; d'un tiers environ plus longue que large, près des yeux; tronquée postérieurement; sans traces de sillon occipital; peu émoussée aux angles postérieurs et aussi large au devant de ceux-ci que près des yeux; peu convexe sur sa partie antérieure, concave sur sa partie antérieure, avec les côtés de la partie postépistomale du front relevés; ordinairement brune ou d'un brun noir. *Antennes* prolongées jusqu'au cinquième des élytres (♂) ou un peu moins; épaissies sur leur quatre ou cinq derniers articles; d'un roux ou fauve testacé; à 1er article épaissi, en ligne droite d'un côté, renflé en arc de l'autre : les 2e à 6e articles plus longs que larges et subfiliformes : les 2e et 3e plus courts chacun que le 4e : le 2e un peu moins court que le 3e : les 7e et surtout 8e à 10e graduellement épaissis et plus courts surtout chez la ♀ : le 11e ovalaire, de moitié plus long que large. *Yeux* noirs, séparés du bord postérieur de la tête par un espace presque double de leur diamètre longitudinal. *Prothorax* à goulot court; élargi en ligne un peu courbe jusqu'aux deux cinquièmes de sa longueur, moins large dans ce point que la tête à ses angles postérieurs; rétréci ensuite en ligne presque droite ou à peine sinuée jusqu'à la base; sans rebord à celle-ci; de deux tiers au moins plus long sur la ligne médiane que large à sa base; médiocrement convexe; fauve ou d'un roux fauve ou testacé, parfois brun; garni comme la tête de petites écailles d'un cendré grisâtre. *Ecusson* très-petit. *Elytres* un peu échancrées en devant; débordant la base du prothorax de la moitié environ de la longueur de chacune; arrondies aux épaules, faiblement élargies vers la moitié de leur longueur ou un peu après, subarrondies ou en ogive, prises ensemble, à l'extrémité; près d'une fois plus longues que larges, prises ensemble; médiocrement ou peu convexes sur le dos; marquées d'une fossette humérale; sans dépression transverse sur le cinquième de leur longueur; fauves ou d'un fauve testacé, sans taches; marquées de points donnant chacun naissance à une petite écaille ou poil squammiforme d'un cendré grisâtre. *Dessus du corps* glabre ou à peu près; ponctué; fauve sur l'antépectus, ordinairement brun ou noirâtre sur les médi et postpectus et sur le ventre; quelquefois en partie fauve sur ce dernier. *Pieds* entièrement d'un flave orangé.

Cette petite espèce paraît être exclusivement méridionale. Nous l'avons prise à Hyères sur les bords de la mer, et sous les débris de matières animales et végétales, près des marais salants.

Obs. Elle se distingue des deux précédentes par le 1er article de ses antennes plus court, non arqué, mais graduellement plus épais dans le milieu de l'un de ses côtés; par le 2e article un peu moins court que le 3e; par ses élytres sans taches; par le dessous de son corps garni d'écailles plus petites que chez le *punctatus* et moins rapprochées de la nature des poils que chez l'*unifasciatus*. Elle s'éloigne d'ailleurs du premier par sa tête plus parallèle; du second, par ses yeux moins distants du bord postérieur de la tête et par son prothorax peu ou point sinué sur les côtés.

Variations (par défaut).

Var. α. Quand la matière colorante ne s'est pas développée d'une manière normale, le prothorax est d'un roux flavescent et les élytres d'un flave testacé.

Variations (par excès).

Var. β. Quand au contraire la matière colorante a été plus abondante, le prothorax se montre brun, comme la tête.

LAFERTÉ, l. c. Var. β.

Var. γ. Les élytres moins claires ou plus foncées que dans l'état normal, sont quelquefois obscures postérieurement.

LAFERTÉ, l. c. Var. β.
Ochthenomus melanocephalus. KUSTER, Kæf. Europ. IX. 57. (1847). — L. REDTENB., Faun. austr. 2e édit. p. 641. — BACH, Kaef. t. III. p. 288. 2.

TRIBU

DES

SIMPLICITARSES

Tête plus ou moins prolongée en forme de rostre ou museau aplani; engagée dans le prothorax, et non séparée de celui-ci par une sorte de cou. *Yeux* semi-globuleux, saillants, situés sur les côtés de la tête. *Antennes* de 11 articles ; plus grosses vers l'extrémité, ou terminées en massue. *Prothorax* subcordiforme; rétréci postérieurement ; avec un rebord sur les côtés. *Elytres* débordant en devant la base du prothorax des deux cinquièmes de la largeur de chacune. *Ongles* non munis d'une dent. *Mandibules* bifides à l'extrémité. *Mâchoires* à deux lobes ciliés. *Menton* transversal non porté sur un pédicule du sous-menton. *Tarses* hétéromères : les quatre premiers, de cinq articles : les derniers, de quatre; à avant-dernier article simple.

Ces insectes se partagent en deux groupes :

Corps	pubescent. *Prothorax* profondément échancré en dessous de manière à réduire à une étroite bordure la partie de l'antépectus qui précise les hanches antérieures. *Abdomen* à dernier arceau de grandeur normale.	*Agnathides.*
	glabre. *Prothorax* tronqué en dessus et en dessous, laissant au devant des hanches antérieures une partie assez longue de l'antépectus. *Abdomen* à dernier arceau court.	*Salpingides.*

PREMIER GROUPE.

LES AGNATHIDES.

Caractères. *Corps* pubescent. *Prothorax* profondément échancré en dessous, de manière à réduire à une étroite bordure la partie de l'antépectus qui précède les hanches antérieures. *Abdomen* à dernier arceau de grandeur normale.

Ce groupe est réduit au genre suivant :

Genre *Agnathus*, Agnathe ; Germar.

Caractères. Ajoutez : *Tête* presque perpendiculairement inclinée ; engagée dans le prothorax jusqu'aux yeux ; à museau court. *Antennes* de 11 articles, dont les trois derniers constituent une petite massue. *Palpes maxillaires* à dernier article sécuriforme. *Prothorax* plus long que large. *Ecusson* apparent. *Elytres* subparallèles ; une fois au moins plus longues que larges ; recouvrant des ailes propres au vol. *Ventre* de cinq segments : les 1er et 2e plus grands : le 1er le plus grand, en angle très-ouvert et dirigé en arrière à son bord postérieur. *Pieds* simples : cuisses légèrement renflées.

1. **Agnathus decoratus** ; Germar.

Allongé. Tête et prothorax noirs, finement ponctués, garnis d'une très-courte pubescence cendrée : la tête, marquée d'un point fossette sur le milieu du front : le prothorax de deux tiers plus long que large, sinué et rétréci vers les deux tiers et transversalement sillonné un peu après. Ecusson cendré-pubescent. Elytres subparallèles, une fois plus longues que larges, réunies ; noires, parées d'une tache humérale d'un rouge pâle et de deux bandes transversales onduleuses de même couleur, revêtues d'un duvet blanc cendré très-serré : l'antérieure, grêle, naissant vers le tiers du bord externe, avancée jusqu'au quart et prolongée jusqu'aux deux cinquièmes de la suture : la postérieure, vers les deux tiers, plus développée sur la moitié interne de chaque étui, et prolongée jusqu'à l'angle sutural, en forme de bordure suturale bifestonnée.

Notoxus decoratus. GERMAR, Magaz. d. Entom. t. III (1818). p. 129.

Agnathus decoratus. GERMAR, Faun. ins. Europ. XII. pl. 4. — LAFERTÉ, Monogr. des Anth. p. 295. — L. REDTENB., Faun. austr. 2e édit. p. 635. — J. DU VAL, Gener. pl. 100. fig. 500.

Long. 0m,0045 à 0m,0051 (2 l. à 2 l. 1/4). — Larg. 0m,0015 à 0m,0018 (2/3 l. ♂ à 4/5 l. ♀).

Corps allongé. *Tête* au moins aussi large, prise aux yeux, que la ligne médiane; perpendiculairement déclive; garnie d'une courte pubescence cendrée, parfois plus ou moins dénudée; finement ponctuée; marquée d'une fossette ponctiforme sur le milieu du front; noire, avec l'épistome et le labre ordinairement moins obscurs. *Antennes* moins longuement prolongées que la base du prothorax; tantôt d'un rouge brun ou brunâtre, tantôt avec le 1er article et les trois de la massue, noirs ou obscurs. *Yeux* bruns, suborbiculaires, assez saillants. *Prothorax* arqué et presque sans rebord, en devant; à peine rétréci sur les côtés en ligne peu courbe, jusqu'à la moitié de sa longueur, sinueusement rétréci vers les deux tiers, puis peu élargi à la base; arqué en arrière et légèrement rebordé à celle-ci; de deux tiers plus long sur la ligne médiane que large dans son diamètre transversal le plus grand; creusé d'un sillon transversal, vers les trois quarts de sa longueur; médiocrement convexe sur le dos; finement ponctué; noir ou d'un noir brun; revêtu d'une bande longitudinale d'un duvet cendré, couvrant les trois cinquièmes ou les deux tiers médiaires de sa largeur. *Ecusson* subcordiforme; brun, revêtu d'une pubescence cendrée. *Elytres* tronquées en devant; débordant la base du prothorax de la moitié de la largeur de chacune; émoussées aux épaules; subparallèles ou à peine sinuées après les épaules et très-faiblement élargies un peu après la moitié de leur longueur; obtusément arrondies à l'extrémité, prises ensemble; une fois plus longues que larges, prises ensemble; peu convexes sur le dos; marquées d'une légère fossstte humérale; finement pointillées; noires; parées chacune d'une tache humérale et de deux bandes d'un rouge pâle ou couleur de chair : la couleur foncière noire garnie d'un duvet très-court peu épais, presque concolore : la tache humérale, peu pubescente, couvrant ordinairement la moitié externe de chaque étui, moins le bord extérieur, et prolongée jusqu'au cinquième de leur longueur : les bandes revêtues d'un duvet blanc ou blanc cendré, épais : la bande antérieure, grêle, parfois obsolète, très-irrégulière ou onduleuse, naissant près du bord externe, vers le tiers de leur longueur, transverse, jusqu'au milieu de leur largeur, puis avancée jusqu'au quart et prolongée ensuite en arrière jusqu'aux deux cinquièmes de la suture, sur laquelle elle forme, avec sa pareille un angle très-aigu, dirigé en arrière : la seconde, couvrant d'abord des deux tiers ou cinq septièmes, aux quatre cinquièmes du bord externe, avancée en forme de feston grêle et obliquement longitudinal, jusqu'à la moitié de leur largeur et les trois cinquièmes de leur longueur beaucoup plus développée sur la moitié interne de chaque étui, et constituant sur le tiers postérieur ou un peu plus de leur longueur, une bordure suturale commune, bifestonnée ou bidentée sur chaque élytre. *Dessous du corps* noir; finement pointillé, très-brièvement pubescent, avec le bord postérieur des arceaux du ventre, plus distinctement cendré. *Pieds* d'un rouge brun ou d'un brun rougeâtre, très-brièvement pubescents, avec la base des cuisses noire ou noirâtre.

Cette espèce a été trouvée en Allemagne et en France; mais elle est jusqu'à ce jour rare dans les collections. Elle a été prise dans les environs de Lyon, par l'un de nous (M. Rey) et par M. Foudras, sur les fragments d'un tronc d'aulne, mort depuis longtemps et couché dans la rivière d'Izeron. Foudras avait obtenu des insectes sortis de larves cachées dans des morceaux d'écorce de cet arbre et emportés chez lui. Depuis lors nous avons fait connaître la larve de cet insecte.

MULSANT et REY, Descript. de la larve et de la nymphe de l'*Agnathus decoratus*, — Id. MULS., Opusc. t. VII (1856) p. 114. 118. pl. fig. 1 à 4.

En voici la description :

Larve.

Long. 0m,0057 à 0m,0067 (2 l. 1/2 à 3 l.).

Corps allongé, légèrement convexe, d'une couleur testacée; marqué sur son milieu d'un sillon longitudinal très-fin qui parcourt tous les segments, excepté la tête; finement et obsolètement chagriné en travers; cilié de quelques longs poils pâles, disposés principalement sur six séries longitudinales : la première, marginale, formée d'un seul poil pour chaque segment; la deuxième, sur les côtés, formée de deux poils pour chaque segment; la troisième, dorsale, formée de la même manière que la précédente.

Tête verticale, déprimée sur le front, où elle présente deux sillons arqués en dedans, convergeant à l'occiput, et se recourbant intérieurement sur eux-mêmes à leur extrémité comme pour former une espèce de boucle elliptique; obsolètement chagrinée, transversalement ridée en avant; arrondie sur les côtés qui sont faiblement gibbeux vers l'insertion des antennes, d'où elle se rétrécit brusquement; ciliée de quelques longs poils pâles; d'un jaune testacé, avec la partie antérieure et l'épistome plus obscurs; celui-ci légèrement échancré. *Labre* transversal largement arrondi au sommet, dont le bord présente sur son milieu une très-faible pointe en angle obtus; d'un roux de poix testacé; cilié de six à huit poils brillants jaunâtres. *Mandibules* cornées, assez courtes, solides, d'un roux de poix testacé, avec le sommet plus obscur. *Palpes maxillaires* testacés, de trois articles apparents, diminuant graduellement d'épaisseur : les deux premiers courts, le troisième aussi long que les deux précédents réunis. *Palpes labiaux*, *menton* et *lèvre inférieure* d'un testacé très-pâle. *Yeux* nuls ou non apparents.

Antennes insérées sur une espèce de tubercule court ou bourrelet; d'un testacé de poix; de trois articles apparents : le premier court, épais; le deuxième un peu moins épais, mais d'une moitié plus long que le précédent; le dernier très-petit, subulé, tronqué.

Les *trois segments thoraciques* qui portent les pieds, plus grands que les suivants : le premier d'un tiers plus grand que le deuxième, en carré transveral, postérieurement rétréci; offrant, à chaque série, un fascicule de poils de plus que dans les autres segments; les deuxième et troisième, subégaux, transversaux, plus larges en arrière qu'en avant : ce dernier postérieurement plus large que le précédent.

Les six premiers segments abdominaux courts, transversaux, allant graduellement en s'élargissant un peu, épaissis en bourrelets sur les bords, et présentant chacun vers l'angle antérieur un petit stigmate arrondi, ombiliqué; marqués chacun postérieurement d'un léger sillon transversal s'affaiblissant et disparaissant sur le dos, et, en outre sur les côtés d'une impression oblique, oblongue, assez marquée.

Les trois derniers segments, allant en se rétrécissant, un peu plus grands que les précédents, à stigmates semblables, à bourrelets moins épais. Le pénultième plus long que le précédent, et un peu plus lisse. Le dernier un peu plus long que le pénultième, convexe, granuleux ; à bord postérieur subbissinueusement tronqué, tranchant; creusé en dessus de deux fossettes arrondies, profondes, obscures, et en outre armé latéralement de deux crochets solides, recourbés en haut, rembrunis à leurs pointes; garni en dessus et principalement sur les côtés de quelques longs poils d'un jaune pâle.

Dessous du corps déprimé, testacé, obsolètement chagriné en travers. Le segment anal plat, marqué à la base d'une petite strie longitudinale, obscure; orné au sommet de deux petits sillons semi-lunaires, joignant la tranche apicale qui est rembrunie.

Pieds assez courts, insérés sur un prolongement coxal, assez développé, conique, composé de trois ou quatre pièces ; d'un testacé de poix; garnis de quelques rares poils jaunâtres; composés de trois articles : le premier un peu plus large au sommet où il est tronqué : le deuxième un peu moins épais et presque aussi long que le premier, un peu plus étroit vers l'extrémité : le troisième en forme d'ongle recourbé en dedans, fortement réuni au précédent, avec lequel il semble ne faire qu'un.

Obs. Cette larve dont tous les anneaux et tous les organes sont plus ou moins rétractiles, présente plus ou moins de vides ou plis à son épiderme, suivant la tension qu'éprouve celui-ci dans les divers mouvements du corps. Quand elle est près de se transformer elle devient plus courte, plus épaisse, et beaucoup plus voûtée.

Nymphe.

La *Nymphe*, dans laquelle on reconnaît facilement l'insecte parfait, est assez convexe. La *tête* infléchie en dessous est fortement engagée dans le prothorax. Les *yeux*, assez gros, sont à moitié voilés par les bords de celui-ci. Les *palpes* sont tous libres. Les *antennes*, dont on compte distictement tous les articles, rejetées en arrière le long des côtés du prothorax, viennent s'appliquer, par leur sommet, contre les cuisses intermédiaires. Les *élytres*, repliées sous le corps, dont elles atteignent les deux tiers de la longueur, présentent sur les côtés deux plis longitudinaux, parallèles. Les *segments thoraciques* répondant aux *mésosternum* et *métasternum* sont faiblement convexes, tandis que les segments abdominaux, le sont assez fortement en travers. Ceux-ci, sont au nombre de six, et le segment anal, arrondi à son sommet, laisse dépasser en arrière un lobe large, déprimé, terminé par quatre lanières, dont les intermédiaires courtes, rapprochées l'une de l'autre, subparallèles; les extérieures divergentes, beaucoup plus longues, spiniformes.

Les pieds *antérieurs* et *intermédiaires* sont en dehors des élytres contre lesquels ils sont appliqués, à l'exception des tibias et tarses antérieurs qui s'en détachent un peu. Les *tarses* présentent distinctement tous leurs articles et même leurs crochets. Les *pieds postérieurs* se trouvent engagés dans les élytres, à l'exception des genoux qui les débordent sensiblement.

La larve de l'*Agnathus decoratus*, ainsi que l'insecte parfait, se trouve au bord des rivières, dans les vieilles souches d'aulne, en compagnie du *Rhizophagus cœruleus*, et d'un *Bostrichus* (*Bostrichus alni*) dont nous avons donné ci-devant la description. Suivant toutes nos présomptions, elle doit être parasite des larves de ce dernier xylophage, car nous l'avons souvent trouvée mêlée à celle-ci et au fond des galeries qu'elle avait creusé dans l'intérieur du bois. Les larves des *Rhyzophages*, trop petites et trop déprimées, ne sauraient pratiquer des chemins suffisants pour laisser passage à une larve du volume de celle de l'*Agnathus*. D'ailleurs leurs petites galeries, peu profondes, ne s'écartent guère de la surface de l'aubier, à laquelle elles sont parallèles, et c'est le plus souvent dans le cœur même du bois que nous avons surpris la larve de l'*Agnathus*.

COLLIGÈRES.

PLANCHE I.

Figures 1. *Xylophilus pigmaeus* ♂.
2. — — ♀.
3. Antenne du *Xylophilus nigrinus* ♂.
4. — — — ♀.
5. Elytres du *Xylophilus nigrinus* ♂.
6. — — — ♀.
7. Portion d'antenne du *Xylophilus sanguinolentus* ♂.
8. Antenne du *Xylophilus populneus*.
9. *Notoxus monoceros*.
10. Prothorax du *Notoxus monoceros*.
11. Mandibule du même insecte.
12. Patte postérieure du même.
13. Mandibule du *Mecynotarsus rhinoceros*.
14. Patte postérieure du même.

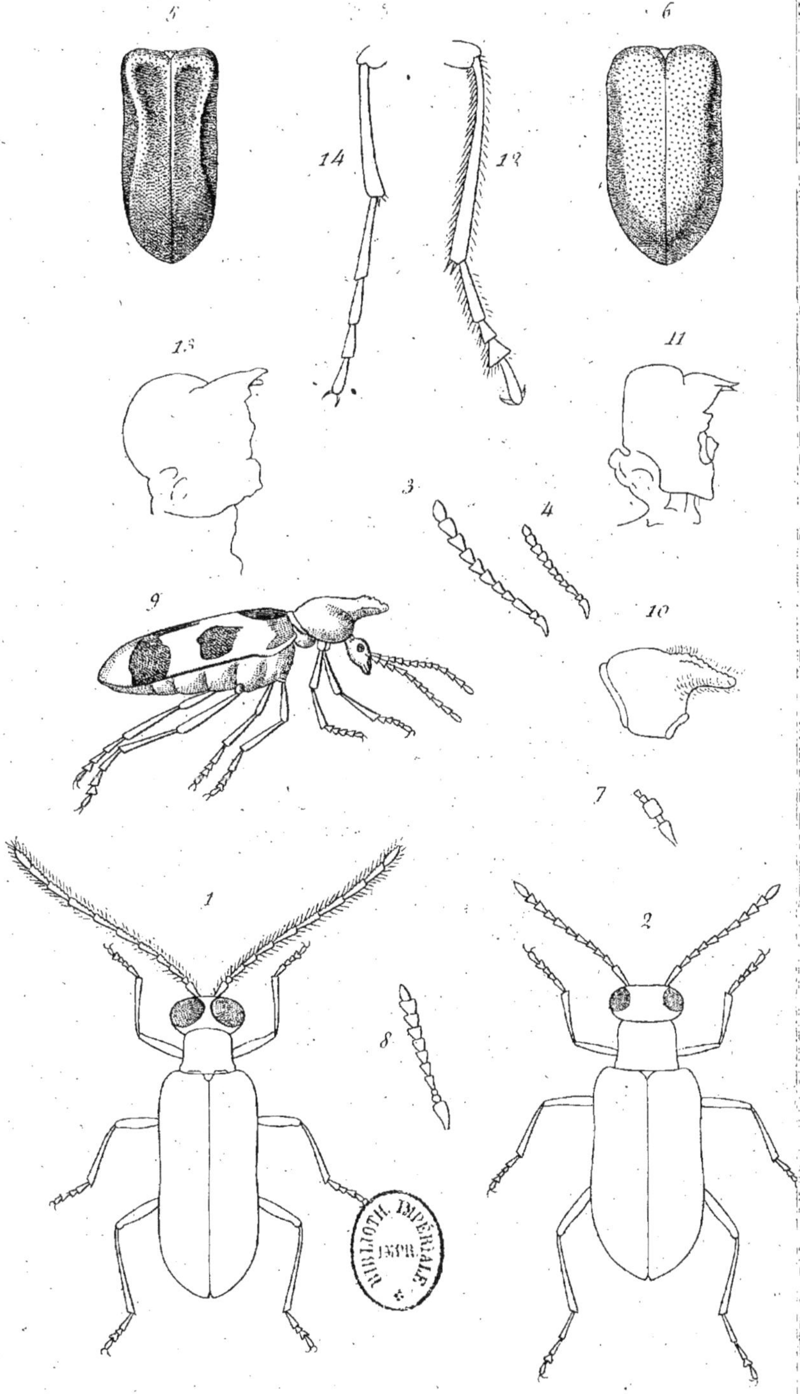

Thomé del. *Déchaud sculp.*

impr. Fugère Lyon

COLLIGÈRES

PLANCHE II.

Figures 1. *Tomoderus compressicollis.*
2. Antenne du même.
3. *Formicomus pedestris.*
4. *Leptaleus Rhodriguii.*
5. *Anthicus tristis.*
6. Prothorax de l'*Anthicus bimaculatus.*
7. Id. de l'*Anthicus antherinus.*
8. Id. de l'*Anthicus sellatus.*
9. Id. de l'*Anthicus plumbeus.*
10. Tête et Prothorax de l'*Ochthenomus punctatus.*
11. Tête du même.

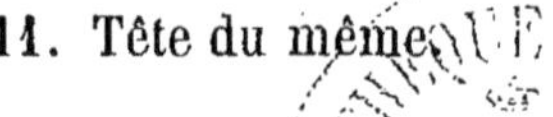

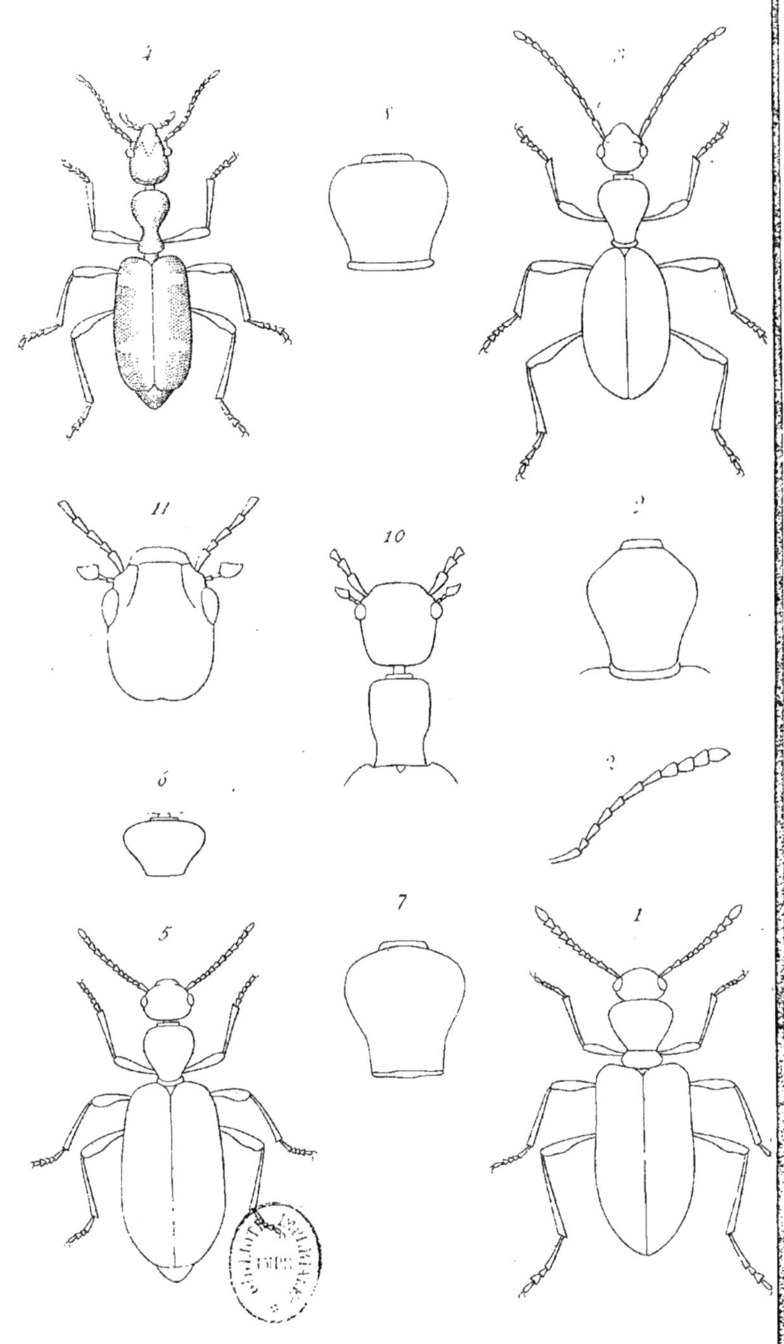

Thienié del. Imp. Dupré Lyon Dorieau sculp.

SIMPLICITARSES.

Figures 1. *Agnatus decoratus.*
2. Tête du même.
3. Patte du même.
4. Antenne du même.
5. Larve de l'*Agnatus.*
6. Dernier arceau de cette larve.
7. Tête de la même.
8. Nymphe.

Lyon. — Imp. Pinier, rue Tupin, 34.

SIMPLICITARSES.

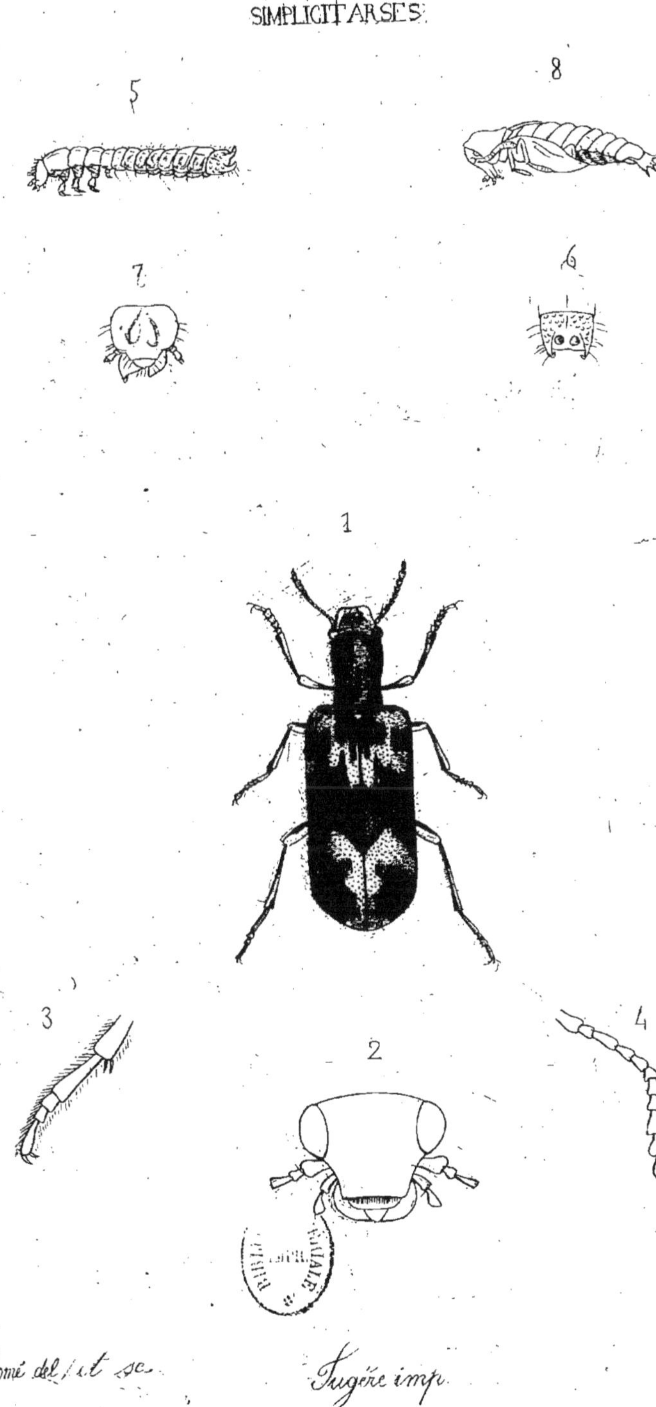

Thomé del. et sc.　　Jugère imp.

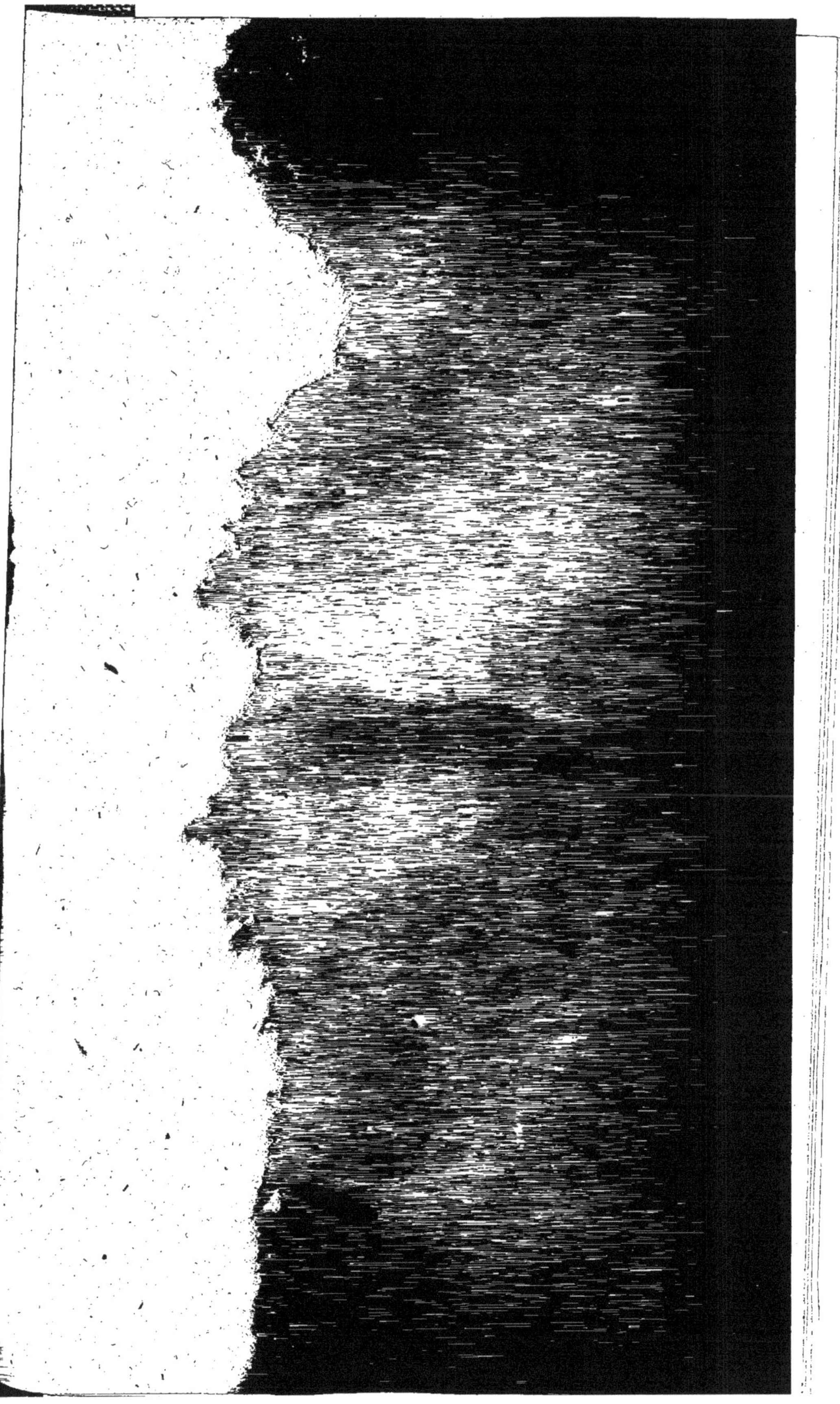

Ouvrages du même Auteur

HISTOIRE NATURELLE DES COLÉOPTÈRES DE FRANCE.

— LAMELLICORNES. *Paris*, 1842, 1 vol. in-8.
— PALPICORNES. *Paris*, 1844, 1 vol. in-8.
— SULCICOLLES. — SÉCURIPALPES. *Paris*, 1846, 1 v. in-8.

HÉTÉROMÈRES:
— LATIGÈNES. *Paris*, 1854, 1 vol. in-8.
— PECTINIPÈDES. *Paris*, 1855, 1 vol. in-8.
— BARBIPALES.—LONGIPÈDES.—LATIPENNES. *Paris*, 1856, 1 vol. in-8.
— VÉSICANTS. *Paris*, 1857, 1 vol. in-8.
— ANGUSTIPENNES. *Paris*, 1858, 1 vol. in-8.
— ROSTRIFÈRES. *Paris*, 1859, 1 vol. in-8.

— ALTISIDES, par C. Foudras. *Paris*, 1859-60, 1 v. in-8.
— MOLLIPENNES. *Paris*, 1862, 1 vol. in-8.
— LONGICORNES. 1862-1863, 1 vol. in-8.
— ANGUSTICOLLES. — DIVERSIPALPES, 1 vol. in-8 av. REY.
— TÉRÉDILES. 1864, 1 vol. in-8°, avec REY.
— FOSSIPÈDES et BRÉVICOLLES, 1865, in-8°, avec REY.

SPÉCIÈS DES COLÉOPTÈRES TRIMÈRES SÉCURIPALPES. *Lyon et Paris*. 1850-51, 1 vol. en deux parties, grand in-8.

MONOGRAPHIE DES COCCINELLIDES, 1re partie, 1866, in-8°.

OPUSCULES ENTOMOLOGIQUES, grand in-8.

— 1er cahier. 1852. Mémoires divers.
— 2me cahier. 1853. Id.
— 3me cahier. 1853. Coccinellides.
— 4me cahier. 1853. Parvilabres.
— 5me cahier. 1854. Id.
— 6me cahier. 1855. Mémoires divers.
— 7me cahier. 1856. Id.
— 8me cahier. 1858. Id.
— 9me cahier. 1859. Parvilabres, etc.
— 10me cahier. 1859. Parvilabres
— 11me cahier. 1859-60. Mémoires divers.
— 12me cahier. 1861 Id.
— 13me cahier. 1863 Id.

HISTOIRE NATURELLE DES PUNAISES DE FRANCE (Scutellérides).

COURS D'HISTOIRE NATURELLE. *Paris*. 1856 (Zoologie). — 1859 (Physiologie). — 1860 (Géologie).

Sous presse.

HISTOIRE DES COLÉOPTÈRES DE FRANCE. (MALACHIDES).

MONOGRAPHIE DES COCCINELLIDES (2e partie).

OPUSCULES ENTOMOLOGIQUES, 14e cahier.

HISTOIRE NATURELLE DES PUNAISES DE FRANCE (Pentatomides).

Lyon. Imp. Pinier, 31, rue Tupin.

www.ingramcontent.com/pod-product-compliance
Ingram Content Group UK Ltd.
Pitfield, Milton Keynes, MK11 3LW, UK
UKHW021940200726
13856UKWH00005B/673

9 782011 902023